岩波科学ライブラリー 292

知りたい！ネコごころ

髙木佐保

岩波書店

目　次

第1章　ネコ研究ことはじめ……1
第2章　ネコだって、思い出にふける……19
◆コラム　賢いウマ、ハンス　39
第3章　ネコだって、推理できる……41
第4章　ネコだって、人を思う……65
第5章　ネコだって、進化する……89
あとがき　113
参考文献

イラスト＝いずもり・よう

第1章
ネコ研究ことはじめ

みなさん、こんにちは。私はネコの心を研究しています。ネコが大好きで、「もっとネコのことを知りたい！　調べてみよう！」と思って手を動かしているうちに、気づいたらネコの研究者になっていました。

ネコとの出会い

私がネコを飼い始めたのは比較的遅く、大学3年生のときです。当時、古い木造建築の実家に住んでいたのですが、ネズミが住み着いてしまったことがありました。家族会議を開いて「これはもう、古《いにしえ》のならわしに則《のっと》り、ネコに退治してもらうしかない！」と決議し、里親募集サイトから保護ネコを引き取りました。「ミル」と名づけた生後2カ月のキジトラとの生活がスタートしました。

家に来てすぐは右も左もわからないといった様子で、ハンガーポールにかかっている服によじ登って身を隠してみたり、そんなところ入れるの⁉　と思えるほど狭い棚の隙間に入ってみたりしていたミルちゃん。しかし、ネズミや虫の音にはものすごく敏感に反応します。ネズミの足音が聞こえると、よく天井近くまで行って音のするあたりを執拗に叩いたりしていました。熱心な職務が結実し、ミルちゃんが来てからなんと1～2週間ほどで、ネズミは家からいなくなりました。さすがネコ！　ネズミ捕りの職務を完遂して早々に引退したミルちゃんは、現在、私たちの伴侶としての余生を過ごしています。

私はその頃からネコの魅力に取りつかれていきました。なんせネコは何をしてもかわいい！　一番高いところへ飛び乗るために、経路を考えている姿。知らない人が来て押入れの中からひっそりと見つからないように様子をうかがっている姿。帰宅時のほんのわずかな音から飼い主の帰宅を察知し、お迎えに来てくれる姿。私たち人間には何も聞こえないのに、左右別々にピコピコ動く耳。何かをネコ語で必死に訴えかけてくる様子。いとおしい点をあげだしたら、きりがありません。

ネコの心理を科学すること

じつはこれらの行動はすべて、(動物)心理学の研究対象です。「心理」というと、どうしても「感情」を対象にしていると思われがちですが、本書で扱う「心」は非常に広範囲です。たとえば、どの経路で登ると最も効率がよく安全かを事前にシミュレートする心の動きは、心理学では「プランニング」や「推理」という言葉で説明されます。知らない人がわかるということは、飼い主さんと知らない人の区別をしているということ。「個体識別」や「記憶」

という大きな研究分野と関連があります。ネコが何を聞いているのかは「知覚」という研究分野、何らかの音とそれに続く出来事を結びつけて覚えるのは「学習」という分野、ネコはどのようなときに鳴くのか？ も「音声コミュニケーション」という研究分野です。このように、ネコを含む動物（もちろん人間も）の多くの行動と心理学は密接に関連しています。

しかし、意外や意外。こんなに身近にいて、いつも私たちを癒してくれる伴侶動物の心について、科学的にわかっていることは、ほんのわずかなんです。理由は簡単、「ネコだから」です（詳しくは後ほど）。

なかには、別に「科学的に」明らかにしなくてもいいんじゃない？ と思われる方もいるかもしれません。しかし、人間という動物は往々にして、自分が見たいようにしか物事を見ません。自分の「思い込み」を含めて、ネコを見てしまっている可能性があるんです（この点については第2章のコラム「賢いウマ、ハンス」をご覧ください）。科学的に検討しないと、「正しいネコ像」というのは霧の中に隠れてしまいます。

また、ネコの能力を科学的に1つずつ明らかにしていくことで、ネコ研究が加速していきます。現在、世界中の研究者が必死になって「ネコにはこんな能力があるんだ！」「ここは同じ伴侶動物のイヌとは違うんだ！」など1つ1つ明らかにしている最中です。1つ1つはもしかしたら世界を大きく変えるような大発見ではないかもしれません。でもそれが蓄積されることで、私たちが予想もしなかったネコの能力が暴かれる日がくるかもしれません。そのような「すごい」能力の発見は一日してならず。1つ1つの研究の積み重ねが非常に大切です。

心も進化の産物

私が自己紹介するときに、「ネコの心理学の研究をしています」と言うと、ほとんどの人が「え⁉　ネコの心理学……？　それをして何がわかるの……？」という反応をされます。確かに、動物の心を調べることで何がわかるの？と思う方は多いと思います。ネコの話に入る前に、なぜ動物の心を研究するのか、その意義についてお話ししたいと思います。とにかくネコのことが知りたいのに‼という方は、ここは読み飛ばして、第2章から読み始めていただければと思います。

みなさんは、北京原人・ネアンデルタール人・ホモサピエンスなどの単語とともに、四足歩行から徐々に二足歩行へと骨格が変化していく「アノ図」を覚えていますか？　高校社会科の資料集に載っていた「アノ図」です。あれは、人類の祖先の骨格から徐々に変化してきて現在の私たちの骨格になったことを示すものです。そんなん知っとるがな！というつっこみが聞こえそうです。

では、私たちの「心」はどのようにして出来上がったのでしょうか? 資料集には載っていません。疑問に思ったことすらない人もいるかもしれません(かくいう私もその一人でした)。体の骨格が単細胞生物から突然ヒトのような生命体に進化するわけではないように、心も生命体が誕生してからとてつもなく長い時間をかけて形作られたものです。じつは有名な「アノ図」のように、心も進化の産物なのです。

心の進化を調べるには

骨格の進化を調べるためには、地面に埋もれたご先祖さまの化石を発掘します。ご先祖さまといっても、何百万年も前のご先祖さまです。出土した骨や歯を、現在の私たちの骨と比較し、異なっていれば、それは私たちホモサピエンスとは異なる種だということがわかります。その骨の出土時期と照らし合わせることで、いつ頃に骨格がどう進化したかの推定もできるでしょう。

それでは「心」はどうでしょうか。地面をいくら掘っても「心」は発掘されませんし、骨をいくら眺めてもその人がどんな心を有していたのかはわかりません。

そこで有効な手段が、現在生きている動物の心を相互に比較することです。進化的に近い種、たとえばヒトとチンパンジーの心を比較し、その共通点・相違点を明らかにしていくことができます。たとえばヒトと同様に、チンパンジーが「簡単な足し算などの演算ができる」ことが実験的に明らかにされれば、ヒトとチンパンジーの共通祖先も、その心の働きを同様にもっていたと考えることができます。反対に、もしヒトにはあってチンパンジーにはない心の働きがあれば（もちろん逆もあります）、それは、ヒトとチンパンジーの共通祖先はもっていないが、生息環境に適応してヒトが独自にもつようになったものだろうと考えられます。

一方で、進化的に遠い種同士を比較することで、心の進化を調べることもできます。ネコの研究は主にはこちらに当てはまります。イヌやネコのように、ヒトと系統的に遠い種が同じような心の働きを示す場合、それは「ヒトと共生する」という環境が、心に作用した結果だと考えられるのです（本当はもう少し複雑ですが）。

「ヒトとは何か？」を考える

ヒトの特徴とはなんでしょうか？　こう問われたとき、ヒトは動物と違って○○ができる、××ができない、など、ヒトにあって動物にない特徴（反対もしかり）を考える人が多いはずです。特徴とは、それ自体が比較を前提としています。つまり、何かと何かを比較しなければ、その特徴はわからないのです。

携帯電話を新しい機種に変更するとき、いろいろな機種を比較し、その特徴を把握することで、候補の機種を決めますよね。ヒトの心を知りたい、と考えたときも、ヒトの心だけを調べていては、その特徴がわかりません。他の動物の心を知ることが、人間の心を知ることにもつながるのです。

このように考えると、動物の心を科学的に研究することが、心理学という学問に必要であることがおわかりいただけると思います。

動物の心の研究をしたい!

……と、ここまで少し難しい話をしてきましたが、私の研究のモチベーションの90パーセントは「動物が好き! 知りたい!」でできています。動物って本当にかわいらしいですよね。毛がもふもふしている子や、爬虫類のようにつるっとして艶やかな体表をもつ子――どの子もとても愛くるしい顔で予測不能な行動をして、私たちを楽しませてくれます(もっとも、動物も私たちのことを見て、そう思っているかもしれません)。

小さい頃から動物が大好きだった私は、幼いながらも素朴な疑問をよく抱いていました。とくに、親戚の家で飼われていたとても思慮深いイヌ、シェットランドシープドッグとボーダーコリーのミックスだったラフィーと触れ合ううちに、「私は頭の中で考えるときに日本語を使うけど、イヌは何語で考えているのだろう？「わんわん・わ・わんわん」と考えているのかな？」などと疑問に思ったことを覚えております。そのような疑問を親にぶつけても、もちろん答えは返ってきませんでした。

そんな幼き日の疑問などはとっくに忘れて、私はヒトの心を研究したいと思い、同志社大学心理学部に入学しました。入学してみると、1年生の授業からラットに物体を覚えさせる実験や、レバー押し学習をさせる実験などがあり、心理学はヒトばかりでなく、動物も扱う学問だということを知りました。

転機は、京都大学から非常勤でわざわざ授業をしに来てくださっていた、藤田和生先生の「比較認知科学」という授業でした。シラバスを読んで、大好きな動物の話だと思い、とても軽い気持ちで受けたのですが、これがドンピシャで！　幼い頃に思った疑問を思い出すとともに、その疑問を科学的に解き明かす手法があることを知りました。言葉を話せない動物の「心」をさまざまに工夫された実験を通して知ることができることに衝撃を受けたのを覚えています。こんな研究を私もしてみたい！　と強く思いました。

その後は、熱意の赴くままに藤田先生の研究室に見学に行ったり、受験勉強のように毎日大学院入試の勉強をしたり、忙しい日々を過ごしました。大学院入試はたくさんの内部進学生に混じっての受験でした。かなり心細かったですが、無事に合格することができました。

京都大学ネコ研究チーム、CAMP―NYAN結成

京大の大学院に入学してまずびっくりしたのが、本当に「自由」の精神が根づいていることです。京大の寮に機動隊が出動することは日常茶飯事、構内にいた警察を見つけて追い返したり、学部入試の日は誰かが作ったハリボテの銅像が設置されるのが毎年恒例となっていたりと、ハチャメチャでした。自由な校風は藤田研究室にも根づいており、研究したいことは動物に苦痛を与えること以外であれば基本的になんでも自分の責任でできます。

そんな自由な雰囲気のなか、ついにネコ研究チームが結成されました。1つ上の先輩である千々《ちぢ》岩眸《いわひとみ》さんの声かけに集まる形で、たまたまそのとき研究室に在籍していたネコ好き5名で、非常に軽い気持ちで結成されたチームです。藤田研究室には伴侶動物を対象としたCompanion Animal Mind Project（CAMP）という研究プロジェクトがあり、イヌチームがCAMP―WAN、今回結成されたネコチームはCAMP―NYANという名前になりました。

ネコあつめ

ネコが大好きで、ネコの研究がしたかった私にとって、ネコチームが結成されたのは大変

喜ばしいことでした。しかし、思いついたその日に調査は始められません。調査に参加してくれる「ネコあつめ」をしないといけないからです。

「調査に協力してくれるネコを探してください！」と言われたら、どうしますか？「近所にネコのたまり場がある！」と思っても、外にいるネコで調査を行うのはいささかやっかいです。というのも、心理学の実験は基本的には統制された実験場面で行うのが鉄則で、実験者の意図していない刺激はできるだけ排除しなければならないからです。

屋外は環境音の影響が大きいですし、たまたま車が通ったり、たまたま小鳥が遊びにきたりすると、ネコの気はそちらに向いてしまい、その時点で調査は失敗。また、調査の前には飼い主さんから同意書をとる必要がありますが、誰に許可をとったらいいのかもわかりません。

それでは室内にいるネコを……室内でネコがたくさんいるところ……と考えを巡らせたところ、とてもいい方法を思いつきました。日本でとくに発達している「ネコカフェ」を利用させてもらおう！　とひらめいたのです。

ネコカフェさんへの営業の日々

初めは普通のお客さんとして訪問し、オーナーさんと仲良くなってから、自分の素性を明かし、おもむろに機材を取り出し調査の説明をし始める私たちは、相当怪しかったと思います。また調査の性質上、他のお客様がいらっしゃると、これまた実験者の意図しない音や動きが入ってしまうおそれがあります。そのため、ネコカフェのオープン前や定休日での実施をお願いしなければならず、当初は非常に難航しました。ネコカフェさんからしたら、とてもめんどくさいことを言ってくる迷惑な客です。

もちろんそのことは十分自覚していましたが、ネコの心を科学的に調べるためには、ネコカフェさんの協力が絶対に必要でした。そんな迷惑なお願いにもかかわらず、何軒かのネコカフェさんはまだ目立った業績もあげていなかった私たちをとても応援してくれました。

「ネコちゃんの心の研究、おもしろいね！」

「うちのネコたちでお役に立つのなら使ってくださいね」

など優しい言葉も数多くかけていただきました。本当にありがたいことでした。このような素晴らしい環境を利用できたからこそ、CAMP―NYANは結成後、比較的短期間で、世界に先駆けてネコの心についての論文を発表することができました。

ネコカフェは、現在は海外にもいくつかあるようですが、ここまで町中に溢れているのは日本だけです。ネコカフェ勤務のネコちゃん（ネコスタッフ）たちは、みんな知らない人（私たち実験者）によく馴れており、非常にスムーズに研究を進めることができました。

家庭ネコさんあつめ

ネコカフェさんのネコちゃんは営業活動の末、なんとか個体数が集まりましたが、ネコカフェさんのネコちゃんのデータだけをもとに研究をしてしまうと、それが「ネコ一般」のデータなのかよくわかりません。心理学実験の基本として、協力してくれる個体は「無作為に」選ばれなければいけないのです。ネコを本当の意味で無作為に選ぶのは難しいのですが、家庭で飼育されているネコも対象にしたいと考えました。

最初は本当に知り合いのネコちゃんを対象に調査させてもらうしかありませんでした。そして次には調査させてくれた人に、

「他にネコちゃんを飼ってて調査に興味ありそうな人はいませんか？」

と芋づる式に聞いていくしかないのです。

その他、チラシを作り、ネコ好きさんが行きそうなカフェに行って置かせてもらえるように頼んだり、イヌ調査をしたことがある人に宣伝したりと、協力してくれるご家庭を地道に探しました。研究の初期には、家庭ネコ不足だったので、東京で同じくネコ調査を行っている齋藤慈子《さいとうあつこ》先生（現・上智大学）との共同研究として、関東出張ネコ調査なども行いました（詳しくは後述します）。キャットショーに出向き、ネコのブリーディングをしているオーナーさ

んにお声かけなどもしました。

こうした努力が実り、現在では家庭ネコも分析に足る個体数が集まっております。

借りてきたネコ

このように、私たちCAMP―NYANは、ネコの住んでいる場所に実験者が出向いて調査を行うスタイルを採用しています。これは、これまでの動物心理学の歴史上、かなり稀なことです。

これまでの動物心理学の研究は、基本的には、ラットやマウス、サルなどの実験動物を対象に、環境の整備された実験室で行うものが主流でした。その対象が、実験動物から伴侶動物であるイヌに拡大された際も、飼い主さんと過ごしているイヌを、実験室に連れてきてもらって調査を行っていました。その方が大きな実験装置も実験室に置いておけますし、準備面などでもいろいろと楽なのです。

私たちも初めは、この慣習にならって飼い主さんにネコちゃんを実験室に連れてきてもらって調査をしたこともありました。

知らない人にもフレンドリーで図太い性格だよ、と言われているネコちゃんを連れてきてもらったのですが、瞳孔がこれでもかというくらいまん丸に開いて、明らかに過度に緊張しています。飼い主さんががんばってケージから出してくれたものの、机と壁の間のほそ〜い隙間を巧妙に見つけ出し、籠城。私たちに背を向けてジッとしてしまいました。飼い主さんでも引っ張り出すのが大変。こんな状況ではまさか実験はできませんし、無理にしたところで〝普通の〟ネコの行動はとれません。まさに「借りてきたネコ」状態。飼い主さんも私たち実験者も「これでは実験はとうてい無理だ……」と思いました。ネコちゃんには悪いことをしてしまいました。

それもそのはず、縄張りをもつネコにとって、自分のテリトリー以外はすべて「そと」。そこに飼い主さんがいようと関係ありません。「イヌは飼い主につく、ネコは家につく」とよく言われますが、ネコのこのときの怯《おび》えようを見て、この言葉の意味がやっと理解できました。それ以降、ネコの住んでいる場所にこちらが伺《うかが》って、調査させてもらうようになったのです。

ネット動画などでは、一緒に旅行や散歩に行っているネコちゃんもたまに見かけるので、個体差や幼い頃の経験もかなり大きいようです。そのようなネコにするためには、遺伝的に素質のある子を幼少期からお散歩に連れ出し、外の世界に慣れさせるのがポイントなのかもしれませんね。個体差や幼い頃の経験の違いがあるとはいえ（イヌは幼いときから散歩に行く子がほとんど）、伴侶動物として同じように共生しているイヌとネコで、実験室での反応がここまで違うのは非常に興味深かったです。

ネコ調査に苦労はつきもの

ネコ調査を行うときの荷物はとっても重い！　調査を記録するためのカメラ5台ほど、三脚、パソコン、モニター数台、書類……。大きなトランクを引きずったり漬物石のように重いリュックサックを背負ったりして、毎回調査へ向かいます。これもネコちゃんの心を解明するためには必要な試練なのです。

みなさんご存知のように、ネコはとっても気まぐれで、人間の思うようには決して動いてくれません。それがネコちゃんですもの。ですので、ネコを対象に調査をしていると、苦労話はつきません（笑）。

たとえば、とても怖がりな家庭ネコさんなどは（うちの子もです）、知らない人がテリトリーに入ってきただけで隠れてしまい、調査にならないこともありました。そんなときは飼い主さんとゆっくりとお茶を飲みながらネコの様子を見て、それでも出てこない場合は、潔く調査は中止。無理やり調査をしても、ネコちゃんにストレスがかかってしまううえに、データもゆがんでしまい、両者にとって何もいいことがないからです。

飼い主さんとのネコ談議もまたネコ調査の醍醐味。飼い主さんのお話から新しい実験アイ

ディアを思いつくこともあります。データがとれない日も謎の充実感のもと帰学していました。「ネコが好きじゃないとやってられないね」。これがネコ調査をしていて飼い主さんに最も言われた言葉かもしれません。

ネコあつめのための営業活動や必死の宣伝活動。こんなことを大学院に入ってするとは想像もしていませんでしたが、その甲斐あり、なんとかネコを研究するための土台を作ることができました！　あとは研究するのみです。

本書では、CAMP—NYANの成果以外の研究も紹介しますが、ネコの心を調べる研究チームはどこもこのような苦労があるのだと思います。論文にしてしまうと1行で片づけられてしまう成果の背後には、こんな裏話があったのか！という部分までお話しできればと思います。

第2章
ネコだって、思い出にふける

ネコがボーッと外を眺めているのを見たことがあると思います。道を歩いていてフッと気配を感じたとき、窓越しに目があうことも。私のネコも例に漏れず、睡眠に費やしている時間以外はいつも日当たりのよい窓辺でボーッと外を眺めていることが多いです。ときには齢《よわい》を重ねた人間のような深い哀愁を感じることさえあります。

このような奥深い表情を見せるネコを観察していると、「思い出をもつのではないか？」という考えが頭をよぎりました。この章では、同じＣＡＭＰ―ＮＹＡＮメンバーの千々岩眸さんと私の1年後輩の都築《つづき》茉奈《まな》さんと一緒に行った研究を紹介したいと思います。

エピソード記憶とは

私たち人間は、ひとりひとりが思い出をもっています。幼いころに連れて行ってもらった水族館でのイルカショー、中学生のときに修学旅行で行った青森の満天の星空、なにもない日に教室から見た夕焼け。こうした思い出は、心理学では「エピソード記憶」とよばれます。

思い出のなかには、そのときの状況をありありと鮮明に思い出せるようなものもあるでしょう。エピソード記憶には、「自分自身が経験した」という感覚をもって思い出されるという特徴もあるからです。他にもさまざまな特徴がありますが、そのなかでも「動物にエピソード記憶があるか」を考えるうえでとくに重要になってくる2つの特徴があります。

1つは、何が(what)・どこで(where)・いつ(when)という思い出を形成するうえで重要な要素が、統合されて1つの記憶になっているという点です。

もう1つは、出来事を覚えるときの「偶発性」です。「偶発性」という言葉は少しわかりづらいのですが、「その場にいるときには覚えようとはしなかったのに、たまたま覚えている記憶」という意味になります。つまりエピソード記憶は、学校のテスト勉強などのように「覚えようとして覚える記憶」とは区別されます(「覚えようとして覚える記憶」は「意味記憶」とよばれます)。

エピソード記憶をもつのは人間だけ？

人間である私たちは、楽しかった思い出を後々になってなつかしみ、そのときにあったことをその場にいるかのように追体験することが当たり前のようにできますが、じつはこのような記憶は自分自身を内省的にみる必要があり、かなり複雑なプロセスにより成り立っていることがわかっています。「意識的な追体験」という特徴が強調されることもあり、なかには人間だけがエピソード記憶をもち、「現在」から解放され過去や未来に思いを馳せることができると主張する人もいます。

そこに待ったをかけたのが、動物の心理／生物学者たち！　動物だってエピソード記憶をもつんだ！　ということを、それはそれは工夫をこらした実験で実証していきました。涙ぐましい努力です。数ある動物のなかでヒトだけが唯一エピソード記憶をもつなんてことはありえない！　ということを実証するために、霊長類・鳥類・昆虫の研究まで総動員でたくさんの証拠を集め、がんばっています（現在進行形です）。

動物がエピソード記憶をもたない、と言われている理由の1つに、実証の難しさが挙げられます。従来の動物の記憶研究では、「何を覚えなければならないのか」に関して、報酬を用いた徹底的なトレーニングをしたうえで、覚えてから答えるまでの時間を延ばし、どの程度の時間記憶していられるのかを調べる、といった方法が主流でした。

たとえば、記憶を調べる研究手法として、「見本合わせ」という課題があります。これは、最初に見本となる1つの図形（サンプル刺激）を呈示して、時間をおいた後に、サンプル刺激と違う図形（妨害刺激）を複数呈示し、その中からサンプル刺激と同じ図形を選ぶ、というものです。トランプの神経衰弱を想像してもらうと、わかりやすいかもしれません。サンプル刺激と同じ図形を選択できれば「正解」で、報酬としておいしいおやつが与えられます。

動物はおやつが欲しいので、どれを選択すればおやつがもらえるのかを何百回もの訓練を経て学習していきます。当たり前ですが、動物には人間の言葉が通じません。そこで、おやつ(報酬)を用いたトレーニングを通して、いわば「この画面のこの図形を覚えてね」「さっき覚えた図形はどれ?」と尋ねているのです。当然その意味を理解してもらうまでには課題によっては何千試行の経験が必要です。直接言葉で「この図形を覚えてください」と言えば、訓練なしにその通りにしてくれるヒト実験をうらやましく思うこともあります(笑)。

この課題方法では、動物は「後でサンプル刺激と同じものを選ばされる」ことを学習して知っており、サンプル刺激を「覚えようとして」覚えてしまいます。つまり、偶発性が保証されず、この課題で得られたデータは記憶の分類でいうと意味記憶に該当してしまいます。「覚えようとせずに覚えた記憶」を動物で取り出すにはどうすればよいのか。研究者のたゆまぬ努力により、いくつかの手法が提案されました。その中でも、シンプルでどの動物にも適用できる課題があります。それが、私の指導教授である藤田和生先生が考案した課題でした。

今日の朝ごはん何食べた?

この課題では、イヌの大好きなおやつを用いて、1度きりの経験を思い出すことができるのかを調べました。1度きりの経験の記憶を問うことで偶発性を保証したのです。

たとえば、「今日の朝ごはん何食べた?」と聞かれたとします。あなたは今日の朝の様子を思い出し、質問に答えるでしょう。今日の朝ごはんの時点で、この質問をされることを予告されていなければ、偶発性が保証され、エピソード記憶に従って答えたということができます。

しかし、この質問を毎日繰り返されたらどうでしょうか。あなたは朝ごはんを食べる時点で「あとで朝ごはんの質問をされるから覚えておこう」と考え、朝ごはんの内容を積極的に覚えようとしてしまいます。これではエピソード記憶に従って答えているとはいえません。厳密にいうと2回目の質問以降、エピソード記憶に従った反応をしているとはいうことができなくなってしまいます。心という不確実なものを扱う以上、ストイックに考えないといけません。

エピソード記憶を調べる課題

藤田先生の研究では、たとえていえば「今日の朝ごはん何食べた?」という質問を1回だけイヌにすることで、エピソード記憶を調べました。

この実験は2つの段階に分かれます。まず第1段階では、4つのお皿のすべてにイヌ用のおやつを入れ、床に置きます。イヌと飼い主はそのお皿を1つずつ確認していきます。ここでイヌは、4つのお皿のおやつのうち2つは食べることができるのですが、残りの2つは飼い主がリードを引っ張るなどして妨害するため、食べることができません。

このような経験を1度だけさせて、実験者はイヌと飼い主さんにさよならして、実験は終了！——のように見せかけ、15分間実験室の周りを散歩してもらいます。その間に実験者は、すべてのお皿をまったく同じ種類の新しいものに替えます。お皿を置く位置もまったく同じです。

なんでお皿を替えないといけないの？と思ったそこのあなた、とてもいいポイントです。お皿を替えずにテストをしてしまうと、自分の記憶という内的な手掛かりだけでなく、おやつのにおいという外的な手掛かりを用いている可能性が残ってしまうからです。

そうやってお皿を全部替えたあとで、もう1度実験室に戻ってきてもらい、イヌをお皿の設置された部屋に連れて行き、今度は自由に行動してもらいます。深いお皿を用いているため、近寄らないと中身は見えません。実験者にさよならまでして、お外に出て、すっかりお家に帰るとばっかり思っていたであろうイヌにとって、こんな展開は予想できなかったことでしょう。

このような状況で、イヌが最初にどのお皿に向かうのかを調べました。みなさんはイヌがどのお皿を選択すると思いますか？　少し考えてみてください。……どうですか？　答えはでましたか？　イヌは、先ほど食べそこねたおやつがあるはずのお皿に向かうことがわかりました。これは、先ほどのおやつが食べられなかった経験を「思い出し」、そのお皿に向かったと解釈できます。

数あるエピソード記憶の課題のなかで、藤田先生の考案した課題は多くの動物に適用できる素晴らしい課題です。多くの動物に適用可能、ということが非常に大事です。結果を比較し、どの動物に何ができるのか、どんなことが影響しているのかを調べることができるからです。

モーガンの公準

ところで、もしこれが「イヌは先ほどおやつを食べたお皿に向かう」という結果だったらどう解釈できたでしょうか。この場合もエピソード記憶に従って行動したのでは？　と考える方もいらっしゃるかもしれません。確かに、「前にはここにごはんがあった」ということを思い出し、前におやつを食べた場所に行くという行動も、エピソード記憶を反映しているといえそうな気もします。

そう考えたいのはやまやまなのですが、そうはいかないのが研究の難しいところ。ある結果に対して、２つの解釈が可能であったときには、より単純な解釈を優先するべきだ、という研究上の指針があるのです。この指針は、心という目には見えない複雑な対象を科学する心理学で特に重要視されています。これを「モーガンの公準」といいます。そのため、「ごはんがあった場所に向かう」行動をエピソード記憶にもとづくとはいえないのです。

たとえば、飼いネコがこっちを長く見たとしましょう。それはなぜでしょうか？　1つの解釈として、「昨日ネコが起こしてしまった過ちについて、人間が怒っていないか確認したから」というものがあるとします。もう1つの解釈として、「その日着ていた服にスパンコールが付いていて、光が反射してネコの目に入ったから」というものがあるとします。より単純な解釈はどちらでしょうか。もちろん後者です。「ネコがこっちを見た」という行動に対して、そのような複雑な解釈を押しつけると、なんでもありになってしまいます。

じゃあ「前におやつを食べたお皿に向かう」行動に対して、エピソード記憶を有するということよりも単純な解釈って何でしょうか。

食べそこねたお皿に向かう行動はエピソード記憶？

人間や動物には学習能力があります。この果物は食べたら危険、この場所は良い場所、ということを学習できるんですね。このような学習システムはヒトも動物もほとんど共通のシステムで動いていることがわかっているのですが、その中に、「一試行学習（ワントライアルラーニング)」という現象が知られています。これは、こわい思いをする危険な場所や、ごはんが食べられた良い場所を、1回で記憶してしまう学習です。一試行学習は非常に広い範囲の動物で見られます。なかには、複雑な神経系をもたない虫にも見られるという結果まであります。一試行学習にはエピソード記憶に含まれる意識的な想起などはないと考えられていることから、より単純な解釈として区別しないといけません。

このような理由から、「前におやつを食べたお皿に向かう」という行動は、(エピソード記憶を利用した可能性ももちろんあるのですが)それ以外の単純な解釈でも説明ができてしまうため、エピソード記憶とは言い切れない、というのが正しい解釈です。

一方で、実際に実験で見られた「おやつを食べそこねたお皿に向かう」という行動は、一試行学習では説明できません。飼い主におやつを食べることを妨害されているため、イヌにとってはどちらかというと悪い場所と記憶されていてもおかしくありません。しかし、そこにイヌは向かったわけです。これは、「先ほど食べそこねたおやつ」を自発的に思い出し、そこに向かった、という解釈以外には説明がつかないのです。

ネコでも実験してみよう!

イヌにエピソード記憶があることを実証した見事な実験を、ネコにも応用しようと考えました。ただし、イヌと同じ設定はネコには通用しません。相手に合わせたアレンジが必要です。

何を変えたかというと、まず1点目として、ネコは実験室での実験が不可能に近いので、実験者がネコの居住域にお邪魔して実験を行うことにしました。

2点目として、ネコは基本的にはお散歩をしません。この実験ではいったん部屋を離れてもらう必要があるため、イヌの実験では飼い主さんと一緒にお散歩に行ってもらいましたが、ネコの実験ではお散歩の代わりに、15分間、他の部屋で遊んだり他の実験をしたりしました。

この15分という時間にもじつは理由があります。

記憶には大きく分けて短期記憶（作業記憶とよぶ場合もあります）と長期記憶があります。短期記憶とは、たとえばお店に電話をかけるときに短い時間、電話番号を覚えていられるような記憶です。ヒトの短期記憶の保持時間はおおよそ30秒程度といわれており、特別に覚えようとしなければすぐに忘れてしまいます。長期記憶は、そのような短期記憶を何度も繰り返し覚えなおすことで、より長い期間覚えておける記憶です。漢字の読み方や言語などの半永久的に忘れない記憶もこの長期記憶に入ります。新しい漢字を何度も何度も書き取り練習したことで、短期記憶から長期記憶になったのですね。

エピソード記憶は分類でいうと長期記憶に入ります。すぐに忘れてしまうような記憶は

「思い出」とはよべないからです。エピソード記憶を調べるには、短期記憶で覚えていられる以上の時間が経過してから「覚えている」ことを確かめる必要があります。ネコの短期記憶はおおよそ15秒といわれており、15分という時間設定は短期記憶でまかなえる時間を十分に超えた時間になっていました。

3点目として、ネコはリードを嫌がることが予想されたので、実験はリードなしで飼い主さん付き添いのもと、お皿を観察させることにしました。食べることができないお皿に関しては、飼い主さんがネコを後ろに軽く引っ張ることで食べさせないようにしました。なかにはものすごくごはんに執着する子もいて、その場合は食べさせないようにするのが大変でした(笑)。お皿の中に何が入っているのかを確認させつつ、食べさせない、一瞬の油断も許されませんでした。

問題点発見

この3点を変更したらネコでも簡単にデータが取れるだろう。ネコちゃんがおやつを食べてくれたらこの実験は成立するのだ！――実験するまでそう思っていました。現実はそう簡単にいかない。なんと、おやつを食べてくれないネコちゃんが続出したのです！「なんで⁉　おやつやで⁉　好きじゃないの⁉」と何度も問いかけましたが、ネコちゃんはどこふく風。ネコの大好物のおやつ（ほぼすべてのネコちゃんが「CIAOちゅ〜る」）の入った皿を一瞥し、ぷいっと去ってしまいました。なんともネコらしい行動です。

わからないことは飼い主さんに聞こう！　ということで、飼い主さんになぜネコちゃんがこの場面でおやつを食べてくれないのか、聞いてみました。すると飼い主さんは、「うちの子はこの器からしか食べたことがないから……」とのお答え。

なるほど。マイお箸ならぬマイ器《うつわ》がネコにはあって、それ以外からは食べたくない子が多いようです。神経質といわれているネコですが、マイ器があるとまでは思っていませんでした。しかし、実験で用いるお皿のうち1つだけをマイ器にしてしまうと、記憶以外の要因が絡んできてしまいます。どうしたものか。

暗澹たる気持ちでした。ネコ用にアレンジした実験で、ご自宅にお伺いしてネコちゃんがお皿からおやつを食べるだけの平和で楽しい実験。ネコちゃん、スペシャルなおやつが食べられてよかったねぇ〜。そんな様子を夢見ていたのですが……。

何か手掛かりはないかと、実験のビデオをもう一度眺めなおします。すると、あることに気づきました。お皿が大きすぎる！　人間から見ると「少し大きいかな？」くらいのお皿を用いたのですが、動画を確認すると、ネコの身体の半分くらいの大きさがあります。人間で考えても、自分の身体の半分くらいの大きさのお皿が目の前にあり、その中に刺身が入っていても食べないよなぁ……。動物の実験をするうえで最も重要なのは脱ヒト視点。一番重要なことを見落としてしまっていたのです。

さっそくお皿を替えることにしました。大きさをネコちゃんサイズに変更します。それまではプラスチック製のお皿を利用していたのですが、色々と敏感に察知するネコちゃんのために、多くのネコちゃんがマイ器として用いている陶器製のお皿を購入し、素材にまでこだわりました。さぁこれでどうだ！

お皿を替えて実験再開！

お皿のサイズを小さくして素材を陶器にし、実験再開です！　なんと、そのような目に

（論文に）見えない努力が功を奏し、私が夢みていた平和で楽しい実験ができることが増えていきました。それでも「やっぱりマイ器からじゃないと……」という子や、「知らない人がいる状況ではおやつを食べません！」という意志の強い子もいたりと、百猫百様の行動が見られ、大変興味深かったです。みんながみんな、おやつにつられて同じ行動をする、という結果より、ネコによって異なる行動が見られた、という結果の方が、ネコ研究らしくて個人的には好きです。

なかには、第1段階で部屋に来たときは機嫌よくおやつを食べてくれていたのに、時間を挟んで第2段階に移行すると、「もうおやつの時間は終わったよ……今はとくに興味ないよ……」というように、どのお皿も選択しない子や、カメラなどの機材が立てられた異様な雰囲気にのまれてしまい、実験場面になるとおやつを食べない子もいました。

やはりネコはとても鋭敏な感覚をもっているので、「雰囲気」という目に見えない空気感のようなものを本当に鋭く察知することを痛感しました。うちの子を動物病院へ連れていくときは、できるだけその素振りを出さないようにするのですが、おそらく不自然なほどに優しい声を出していたり、脈絡もなく「ちゅ〜る」を差し出したりする様子などから、いつも察知され、逃げられてしまいます。おそらくヒトのものすごく些細な行動から、これは「イツモトチガウ！アヤシイ！」と判断するのでしょう。驚くべき察知能力です。

実験の結果

そのようにしてなんとかデータが取れるようになり、食欲旺盛な（かなり重要！）ネコちゃんがたくさんいる甲子園口にあるネコカフェさんから、うちの子で実験していいですよ、というとても優しいご提案をいただくという幸運もあって、49個体のネコのデータを取得することができました。この数は、少なくとも第1段階でおやつを食べてくれた子の数なので、そもそもおやつを食べてくれないなどの理由で、実験を試みたけどできなかった子の数を合わせると、100個体近くいくかもしれません。

実験の実施には大変な苦労がありましたが、データに関しては、きれいに出てくれました。なんとネコもイヌとほとんど同じ結果で、食べなかったお皿に訪問する個体が多い傾向にありました。さらに、それぞれのお皿を探索した時間を測定すると、やはり先ほど食べそこねたお皿を長く探索していることがわかりました。「あれ？　さっき食べそこねたのになぁ」といったところでしょうか。

ここまでの結果から、ネコもイヌと同様に、「さっきはおやつがあった」ことを思い出し、それに応じてお皿を探索できることがわかりました。つまり、偶発的に覚えた記憶内容のなかから、「どこに（where）」おやつがあったのか、の情報を取り出すことができるということがわかったのです。

第2の実験

ここまでの実験から、ネコも1度きりの記憶から「どこに」という情報を取り出せることがわかりました。しかし、前に述べたように、思い出というのは、誰が・どこで・何をしたかなどのさまざまな情報が1つになって思い出されるものです(もっとも、どれかの情報が欠損している場合もあります。「~したのは覚えてるんだけど、あれってどこでだっけ~」などのように)。そこで、私たちは次の実験として、ネコは「何が(what)」も統合して覚えているのか、またそれを取り出せるのかを問うことにしました。つまり、「何が」、「どこに」あったのか覚えていますか？ と問うことにしたのです。

そのため、実験1ではすべてのお皿におやつを入れていましたが、実験2では4種類の異なるお皿を用意しました。1つはおやつが入っているけど飼い主さんの妨害で食べられないお皿、2つめはおやつが入っていて食べられるお皿、3つめはネコちゃんの興味がない物体(ヘアピン)が入ったお皿、4つめは何も入っていないお皿でした。手続きは実験1と一緒です。

この実験2では58頭のネコちゃんに協力してもらいました。もしネコが「何が」の情報を

「どこに」とあわせて1つの記憶として統合している場合は、何が残っていたのかを記憶できているため、実験2でも食べ残しがあるお皿を選択することが予測されますが、もし統合されていない場合、食べ残しがあるお皿と興味がない物体が入ったお皿への訪問はランダムになるかもしれません。

58頭ものネコちゃんをテストするのはこれまた簡単ではありませんでしたが、ご家庭やネコカフェさんをめぐることで、1年程度かかって何とかデータを集めることができました。

その結果、ネコはやはり、食べられなかったお皿を訪問し、そのお皿を長く探索することがわかりました！　つまり、1度きりの経験で、どこに・何があったのかを統合して記憶できており、それらを利用して、先ほど食べそこねたおやつがあるお皿を選択できたのです。

この結果から、ネコにもエピソード記憶、つまり思い出がある可能性が示唆されました。

ネコも思い出をもつ！

以上の2つの実験から、ネコも思い出をもつかもしれないことが示されました。

先ほど述べたように、動物が「いいことがあった場所」を1回で覚えるといった行動はじつはよく観察されます。しかし、この実験で見られたネコの行動は「いいことがあった場所に向かったわけではない」という点が非常に重要です。これは単純な学習理論などでは説明がつかず、エピソード記憶の存在を強く示唆するものです。

「エピソード記憶はヒトしかもたない！」と主張する仮説に反して、最近の研究から他の動物でもエピソード記憶が見られることがわかってきました（たとえば、チンパンジー、イルカ、ラット、カラスなど）。このような能力は、意外と多くの動物に備わっている基本的な能力なのかもしれません。

それでは、エピソード記憶をもつことは、日常生活の中でどんなときに役に立つのでしょうか？

心的時間旅行

エピソード記憶は、過去の出来事を思い出すシステムですが、このようなシステムは未来を思い描く能力との関連が指摘されています。

「現在」という縛りから解き放たれて、「過去」や「未来」に思いを描くことができる能力を心的時間旅行（メンタル・タイムトラベル）とよびます。心の中で過去や未来に時間旅行する能力、という意味です。このネーミング、とってもロマンチックじゃないですか？　古い映画のタイトルなどにもありそうです。タイムマシンはまだまだできそうにないですが、私たちはみんな心の中にタイムマシンをもっているのですね。

一見かけ離れた「過去」と「未来」をつなぐ心的時間旅行ですが、身近なところで確認できるかもしれません。たとえば、2歳児は過去と未来の両方の概念をもたないといわれていますが、3～5歳の間にエピソード記憶や未来への準備行動の両方を発達させていきます。また、エピソード記憶に障害をもつ患者は、未来のことを想像することも困難といわれています。

メカニズムの話をすると、記憶をつかさどる海馬は過去の出来事の記憶にも未来の出来事の想像にも必要ということがわかっています。すなわち、エピソード記憶は目の前にないものを想像し、創造する力にもつながっていくのです。

このように考えると、ネコを含め、エピソード記憶を有する動物はみな、「いま・ここ」にはないさまざまなものを想像し、創造を行っている可能性があります。あなたの家のネコちゃんも、いろいろなことを想像しているかもしれません。このオモチャ、こういう風に動かすともっとおもしろいかもしれない！　あそこに登るためには、このルートよりもあのルートで行った方が簡単かもしれない！　今日のおやつは高級な味のする方がいいなぁ、などと考えているのでしょうか。こんな妄想を繰り広げているだけでとても幸せな気持ちになりますね。

◆コラム 賢いウマ、ハンス

賢いウマ、ハンスのことをご存知ですか？ ハンスは100年ほど前、ドイツを賑わせた賢いウマで、なんと人間の言葉がわかり、さらに計算もできるという触れ込みでした。たとえば、ヒトがハンスに簡単な計算問題を出すと、ハンスは答えの数だけ蹄《ひづめ》で地面を叩いて答えることができたのでした。1＋2を見せると、3回蹄を地面に打ち付けます。

どうやってハンスは計算しているのか、疑問に思った心理学者が調べました。すると、実際には計算を行っていたわけではなく、飼い主や観客のわずかな動きを見て、それを手掛かりに蹄を打ち付けるのを止めていただけだったようです。その証拠に、質問者自身が正解を知らない場合には、ハンスの正答率が著しく下がることがわかりました。質問者は、自分でも無意識のうちに、ハンスの蹄の回数が正解の数に達したときに顔を少しあげていたらしいのです。これは本人も周りの人も気づかない程度の微細な動きだったようです。

この逸話は、動物に何か伝える意図がなくても、動物に微細な動きを読まれてしまい、実験結果が歪められてしまうおそれがあるという教訓として現在も広く伝えられています。ヒトの微細な動きを読み取ることで、見かけ上は複雑な認知能力を有しているかのような結果が出てしまうおそれがあるということです。私たちの実験のように、ヒトが実験に関わるような研究は、まさにこのハンスの教訓を活かさなければなりません。仮説どおりの結果をネコがしたときに少し微笑んでしまったり、わずかにでも体が動いてしまったりすると、それがそのまま動物にも伝わり、結果に影響を及ぼす可能性があります。

第2章で紹介した記憶の実験では、この点に関して細心の注意を払っています。最初にネコを部屋に連れて行く人と、15分後にネコを部屋に連れて行く人、またそれを撮影する人には、どのお皿が食べ残しのお皿かを知らせないようにしました。もし食べ残したお皿がどのお皿か知っている人がネコを連れて行ったり、ビデオ撮影したりしてしまうと、仮説どおりのお皿の方向に顔を向けたところでネコを放したり、実験者が無意識のうちに何らかの手掛かりを与えてしまう可能性があるからです。実験者や周りの人も気づかないというのがハンスのお話のこわいところです。動物、とくにヒトと共生しているイヌやネコはヒトの微細な動きを読み取ることに大変優れているので、今後も気をつけていきたいと思っています。

第3章
ネコだって、推理できる

真実はいつもひとつ！

「ネコだって、推理できる」と聞いて何を思い浮かべるでしょうか？　どんなにゃん事件でも見事に解決！　名探偵にゃん太郎……？　国民的アニメの名探偵コナンも、数々の事件を名推理で解決していきますね。このように、推理という言葉は、日常的には、事件や不可解な出来事を解決する、という意味で使われることが多いようです。じゃあ、ネコは推理能力によって、どんな難事件を解決できるの⁉　と思われたかもしれません。名探偵ということはあながち間違ってはいないのですが、お察しの通り難事件は解決しません。心理学、とくに動物を対象とした実験をする比較認知科学では、推理という言葉をもう少し広い意味で用います。

日常的な場面でも「推理」

比較認知科学では、「間接的な手掛かりから直接的な事象を導くこと」を推理とよんでいます。この点は、難事件を解決する名探偵と同じです。現場に残されたさまざまな手掛かりから、犯人を推定する。まさに間接的な手掛かりから直接的事象を推理していますね。しかし、比較認知科学では、事件の文脈だけでなく、より広い文脈でも「推理」という言葉を用います。

たとえば、ある動物が天敵の動物の足跡という、間接的に天敵を示す手掛かりを見たときに、天敵が近くにいることを推理できるのか。さらにもっと単純な例にも適用することができます。たとえば、木の板の傾き具合から、その下に何かあることを推理できるのか。このような日常的な場面における推測も、「推理」とよびます。

考えるネコ

私の観察によると、ネコはとても思慮深い顔を見せることが多々あります。ねこじゃらしなどのオモチャで遊ぶときも、ねこじゃらしではなく、ねこじゃらしを必死にふる人間をジッと見つめてくるときがあり、私がネコと遊んであげているのか、ネコが私と遊んでくれているのかがわからなくなります。また、ネコ調査で他のネコと戯れて帰ってきた日は、その匂いをひたすら嗅ぎ続けたのち、急にすべて悟ったような顔をしてすっと私から離れていくこともあります。

このような個人的な観察から、１日の大半の時間を寝て過ごすといわれている（ネコの語源が「寝子」という話も）ネコちゃんにも「絶対に！　推理能力があるはずだ!!」と、根拠のない確信のもと、ネコの推理に関する実験を始めようと考えました。

先行研究探し

さぁ、推理の実験を始めよう！　そう思い立ったらまずすることがあります。それは、先行研究を調べること。過去に他の研究者がネコの推理に関する実験を行っているのか？　またどのような結果が得られているのか？　を探す作業です。これを怠ると大変なことになります。一生懸命考えて行った研究を発表する段階で、「あれ！　まったく同じ実験が数年前にやられてるではないか……」となってしまうわけです。「巨人の肩に立つ」とは、グーグルスカラー(グーグルの論文検索用の検索エンジン)のトップにも書いてある言葉ですが、世界の優秀な研究者の議論を知り、そこからヒントを得ることは非常に大事です。

今はインターネットの発達で、検索エンジンに気になるワードを入れるだけで多くの論文を調べることができますが、インターネットが今のように発達していない時代に文献を調べることは、それはそれは大変だったと先輩方から聞いています……。図書館まで行って、論文を取り寄せ、そのコピーをとってやっと読めたそうです。海外の珍しい論文などは郵送で取り寄せるのに何週間もかかったとか。そう考えると、研究効率は昔と比べるとかなり上がっているように思います。

私の分野では、先行研究を探すとなると、基本的に海外の雑誌に掲載された英語論文を探すことになります。もちろん日本語の論文もあるのですが、新しい発見は英語で書かれることが多いのです。ネコの研究者はただでさえ少ないので、国内の研究はほぼ把握してしまっています。最初は英語論文を速読することがかなり苦手で（今もですが）、なかなか苦労しました。

苦手な英語にもめげずに一生懸命ネコの推理に関する論文を探しますが、なかなか見当たらない……！　英語力がないから見落としがあるのかもしれないと思い、かなり念入りにチェックしましたが、ほとんどありません。今振り返ってみると、ネコの推理の研究をしている研究者なんて世界にもほとんどいません。論文がないのも当たり前だったのです。そんななか、やっと推理と関連するテーマの論文を1つ発見しました。

その論文は、簡単にいうと「ネコは因果理解ができない」という論文です。因果理解は、読んで字の通り、物事の原因と結果に関する理解を指しますが、これは推理と同じ「思考」という枠で捉えられる分野です。やっと見つけた関連論文でしたが、その論文の結果はネコの推理能力に対してネガティブ（否定的）だったのです。

ネガティブな結果の先行研究

論文の内容を説明しましょう。この論文の研究では、「紐引き課題」を使ってネコの因果理解を調べていました。これは、動物で因果理解を調べるときに用いられる最もポピュラーな課題です。

まず、おやつを先端に付けた紐をネコに見せます。カバーがかけてあり、おやつは、見えはしますが直接とれません。ネコは、紐を引くことで、おやつを手繰り寄せることができます。そのような経験を何度かさせて、紐を手繰り寄せるとおやつが食べられる、ということを学習させます。最初は紐を引くまでの時間がかかりますが、訓練を続ければ、ネコは紐が呈示されると、すぐに手繰り寄せて、おやつを手に入れられるようになります。

そのような訓練が終了した後に、今度は訓練で何を学んだのかをテストします。テストでは、訓練よりも長い紐におやつをつけた「長い紐条件」、2本の紐が並べられて片一方におやつがついている「2本紐条件」、2本紐条件と使う紐は同じなのですが、それが交差しておかれている「交差紐条件」です。交差紐条件が最も難しい条件になります。

もしネコが訓練を通して、「おやつが獲得できるのは、紐とおやつがつながっているからだ」という因果を理解できているのであれば、長い紐条件はもちろんのこと、2本紐条件や交差紐条件でもおやつのついた紐を選択できるだろう、と予測できます。一方で、もしネコ

がこれらの条件でおやつのない紐を引っ張るのなら、紐とおやつの因果関係などとは無関係に、単純に紐を手繰り寄せるとおやつがもらえる、ということを学習したことになります。

その結果、ネコは長い紐条件はクリアしましたが、2本紐条件・交差紐条件はクリアせず、おやつがついている紐／ついていない紐をランダムに選択しました。「そんなこともわかってないの⁉⁉」と思われるようなびっくりな結果かもしれません。

しかし、論文の「考察」部分を読んでいくと、面白い記述があります。「ネコは単純に紐を引くことを楽しんでいた可能性がある」と書いてあったのです。この記述を最初に読んだときは思わずにやけてしまいました。さすがネコ！　単純に紐引きが楽しくて、おやつの有無にかかわらず手繰り寄せてしまっていた可能性があるなんて……！　なんと愛らしい結果でしょうか。

しかし、少なくともこの研究からは、ネコが因果を理解しているという結果は得られませんでした。なんと、私の研究が始まるまでは「ネコは推理できる」ことを示した論文は1つもなかったのです。

リスクが大きい研究に背中を押してもらえた

「ネコは絶対に推理している！」という個人的な確信とは裏腹に、先行研究では因果理解ができないとする論文が1報のみ。どうすれば証明できるんだろう？　そんなもやもやした気持ちを抱え、先生に相談しに行きました。

普通の大学では、先行研究がない研究を学生になかなかさせません。リスクが高すぎるからです。動物の実験は結果がでるまでに時間がかかります。先行研究がないまま研究を始めてしまうと、時間をかけた挙句に期待していた結果がでない可能性も高まってしまいます。そのようなネガティブ・データは論文になりにくいのです。そして論文の有無は研究者としてのキャリアを進めるかどうかにもかなり大きな影響を与えます。リスクがあるので、学生のうちはしっかりとした先行研究のある研究をさせる指導教員も多いようです。

もちろんその指導が間違っているとは思いません。とくに研究のはじめのうちはしっかりとした先行研究があるテーマで実験をした方が、食いっぱぐれる可能性は低くなります。先生に相談に行くまでは他のテーマを探した方がいいと言われるかもしれない、と内心ドキドキしていましたが、その心配はなんと杞憂に終わりました。

「先行研究がないということは、誰もまだ発見できていないこと！　世界に先駆けてそれを発見できたらすごいやん！」と藤田先生に背中を押してもらいました。このとき、本当に藤田研に入ってよかったと思いました。このような雰囲気は京大の自由な学風がそうさせるのでしょう。実際、京大には一見役に立たなさそうな動物の研究をしている人がいっぱいいて、「ネコの心の研究をしています」と言っても驚かれたことはほとんどありませんでした。自由に好きなことを研究したい私には京大方式がとても合っていました。

ネコは音に敏感

先生とのミーティングの中で、「音」を用いた推理ならできるのではないか？　という話になりました。

ネコを飼っている方なら同意いただけると思うのですが、ネコは音に対する反応が非常にいい動物です。飼い主さんの帰ってきたわずかな音を察知して玄関まで迎えにきたり、大好きなおやつの入った箱があく音がすると、家のどこにいても飛んできたり、窓の外からピーピー鳴く鳥の鳴き声や羽の音がすると、すぐさま窓に駆け寄ってきたりします。

ネコは元来夕暮れどきや夜明け頃などの薄暗い中で獲物を待ち伏せをして狩りをする捕食者で、音を手掛かりに獲物の位置を推定することが得意です。耳にも21以上の筋肉がつき、左右独立して動かすことができます。ネコの聴覚が優れているという有名なたとえとして、隣の部屋の虫が歩く音も聞こえる、というものまであります。

先ほど紹介した先行研究は視覚的な手掛かりを用いた課題でした。手掛かりを音の刺激に変更することで、ネコが推理していることを証明できるのでは？　という案が浮かび上がったのです！

音を用いた推理課題

そこで参考にしたのが、私たちの先輩が少し前にイヌを対象に行っていた、音を用いた推理課題です。

実験者は不透明な箱の中にイヌのおもちゃを入れて、左右に振ります。そのときに、箱を振る動きと同期しておもちゃが箱の壁にあたる音を手掛かりに、中に何かが入っていることを推理し、箱に対して注意を向けるのかを調べる課題です（通称ガラガラ実験）。

ただし、おもちゃを入れた箱に注意を向けたという結果だけでは、キビシイ研究者の世界では、「そんなものは推理ではなく、何か音がする箱を振ったときに注意を向けているだけだ！」と言われてしまいます。

そのような反論を跳ね返すため、箱を左右に振る動きと同期していない音を再生する条件が必要でした。その条件を用意するために、箱内に小型の Bluetooth スピーカーを固定し、そこからホワイトノイズを再生することにしました（ホワイトノイズ条件）。ラジオのチャンネルが合わなかったときに聞こえる、「シャーーーーー」という音です。あの音なら、箱の動きと同期する心配はありません。

さらに、箱を左右に振ったその動き自体に反応してしまっているだけでは？ という可能性に反論するために、何も音はしない、空箱を振るだけの条件も加えました（空箱条件）。ここまで決まったら、あとはネコに見せるだけです!!

実験1――期待した結果は出ず

さっそくネコ調査の予定を入れて、実験をしてみました。

ネコに軽く座ってもらい、そこから少し離れた位置に実験者が座ります。ネコの名前を呼び注意をひいたのち、実験者は下を向き、ネコとはいっさい目を合わせずに箱を左右に振ります。15秒箱を振ったあとで、箱を床に置きます。このとき、ネコは箱を自由に探索するこ

とができました。ここでも実験者はネコと決して目を合わせません。理由は、第2章のコラム「賢いウマ、ハンス」で述べたとおりです。

初めて調査に参加する飼い主さんは、あまりにもシュールな光景にびっくりされたかもしれません。実験者が入ってきて、ネコの目の前で下を向きながら箱をひたすら振るだけの実験です。

やはり音を用いた実験だけあって、この実験には多くのネコちゃんが難なく参加してくれました。知らない人に触られるのがほんっとに嫌!! というネコちゃん以外は参加してくれたと思います。落ち着きがなくあまりジッとはできないネコちゃんも、実験が始まると、音に興味を惹きつけられ、箱をジーーッと眺めていました。とくにおもちゃ条件では、私が振る箱の動きに合わせて、首を左右に振るネコちゃんもいました。自分が考えた実験に一生懸命参加してくれるネコちゃんを見るのはすごく達成感があります。なんとなくの手ごたえを感じながらデータを取り続けました。

実験中のネコの行動は複数のカメラで撮影し、帰学後、動画解析ソフトでデータ解析をします。今回は、箱を見ている時間を測定しました。動画解析のデータは無音で、今解析しているデータがどの条件なのかが解析をする人にわからない状態で行います。どの条件かがわかってしまうと、自分が期待する条件で長く箱に注意を向けているように見えてしまう可能性があるからです。科学者として、意識的にそのようなことをする人はいないと思いますが、無意識のうちにも、自分の都合のいいように解釈してしまうのが人間です。そのような間違いが起こらないようになっています。ここでも賢いウマ、ハンスの教訓が活かされているのです。

そのような手順を踏んで、慎重にデータ取得・解析が終わりました。さまざまなご家庭やネコカフェさんにご協力いただき、38頭のネコちゃんに参加してもらいました。気になる結果は、なんと予想どおり、おもちゃ条件で最も注意を向けることがわかりました。しかし、残念ながらおもちゃ条件とホワイトノイズ条件との間に統計的な差はありませんでした。この結果を解釈すると、ネコは「音がすると箱に注意を向ける」以上のことはいえません。

実験1の反省点

しかし、ここで私は諦めませんでした。実験の動画を見ていると、明らかにおもちゃ条件とホワイトノイズ条件のときのネコの反応が異なったからです。箱を見る時間に差はなかったのですが、箱を見る際の真剣さが全然違いました。「物体条件できっとネコは箱の中の物体を推理できているはずだ！」という直感に従い、実験1の反省点を活かして別の実験を行おうと考えました。

実験1の反省点としては、おもちゃ条件とホワイトノイズ条件との音の単純な違いです。実験を始めるまえに、デシベル（dB）で測られる音の強さは揃えたのですが、「ガラガラ」と音のするおもちゃ条件と、「シャー」という音がずっと再生されているホワイトノイズ条件では、そもそも音の性質がまったく異なります。中にはホワイトノイズそのものに注意を向けたネコもいたかもしれません。

しかし、ここで見たいのは、音の違いによってネコの注意量が変化することではなく、箱を振る動きと同期して音がするときに、中におもちゃが入っているのかを推理できるのかです。

そこで、私は「物体が箱の中に入っているとき、左右に振る動きと同期して物体が箱の壁にぶつかり、音がする」という点に着目しました。次の実験では実験1のおもちゃ条件の音を録音し、スピーカーから再生することにしました。その音を用いて、箱の動きと同期する条件（同期条件）、同期させない条件（非同期条件）を作り、その反応の差を比較しました。同期条件では中に「物体が入っている！」とネコに思わせることができる条件で、非同期条件では、呈示している音刺激はまったく同じですが、「物体が入っている」とはいえない条件です。

実験2——仮説どおりの結果は出たけれど

それではどうやって同期条件、非同期条件をつくるのでしょうか？　答えは簡単、リズミカルに箱を振る音を録音し、その音と同期させて箱を振る練習をしただけです！　たとえば、録音するときは、タン・タタンタンのリズムで箱を振ると、それと同期して中の物体が箱の内壁に当たる音がします。この音に合わせて箱を振る動きを練習すれば、その動きと同期した音がするようにみえる、というトリックです。一方、非同期条件では、ランダムに箱を左右に振ることで、音と同期しないようにしました。

音を揃え、同期／非同期だけを操作することができました。この手続きでいけば、ネコが動きと音の同期性から箱への注意量が変化するのかをダイレクトに調べることができます。実験条件が整えば、することは同じです。ネコカフェさんやご家庭に訪問させていただき、ネコちゃんの前で箱を振るだけ。総計32頭のネコちゃんにご参加いただき、データが揃いました。

その結果、見事に、ネコは同期条件のときに箱に長く注意を向けることがわかりました。しかも、今度は同期条件と非同期条件の間に統計的な差が見られたのです！　ついにです……。

仮説どおりの結果が見られ、ついに、ネコが音と動きの同期性を手掛かりに見えない物体を推理できることを明らかにすることができました。……と思ったのですが、共著者であるネコチームの仲間や先生たちと議論を進めるうちに、まだ他の可能性があることに気づきました。それは、推理とは関係なく、「音と物体が同期するときにその事象を長く見る」性質をネコが有している可能性です。

こういうと難しく聞こえるのですが、たとえば、こんな映像を想像してください。ボールが跳ねていて、地面につくのと同時に「バイン！」と音がするとします。このとき、地面につくのと無関係に音がする場合と比較すると、前者をよく見てしまいそうになりませんか？その行動は、推理とはまったく関係ありません。人間はそのような同期性に対する選好を、赤ちゃんのときから有していることがわかっています。ネコにもそのような選好がないとは言い切れません。

つまり、実験2で得られた結果だけでは、「音と動きが同期していたから、なんとなくそっちを見ただけではないの?」という反論に対して答えられないことがわかってきました。実験2で見られた行動は単なる同期性への選好ではなく、「箱の中の物体を推理している!」ということを科学的に実証するためには、追加実験が必要です。

期待違反

実験2までのデータを学会で発表したときのことです。慶應義塾大学でカラスの研究をしている伊澤栄一先生から特大のヒントをもらいました。それは「推理していることを示すためには、期待違反を見た方がいいよ」というお言葉です。そのときは、まだこの言葉の重要性に気づいていなかったのですが、データの整理をするころには、やっとその重要性に気づくことができました。

「期待違反」って何?　交通違反の一種……?　と思った方もおられるかもしれません。これは心理学用語の1つで、「自身の予測と異なることが生じると、その事象を長く見てしまう」ことです。マジックなんかがいい例です。何もないところから突然ハトが出てくる、物体が支えもなく浮いている、などの一般法則にそぐわない事象が起こると、その事象を長く見てしまいますよね。このような特性は、動物にも共通しているといえます。

この特性を利用した「期待違反法」とよばれる実験方法があります。たとえば、乳児に向かって、「1＋1はわかる?」と言葉で聞いても答えは返ってきません。まだ言葉を覚えていないからです。しかし、このような言葉で聞けない問いも、期待違反法を用いることで乳児に問うことができます。

方法はこうです。5カ月齢の乳児に人形劇を見てもらいます。クマさんがひとり入場してきました。その後、すぐに舞台の半分が隠れるくらいの大きさのスクリーンが出てきて、先ほどのクマさんが隠されてしまいました。そこへ脇からもうひとりのクマさんが舞台に入っていきます。スクリーンを開けると……なんとクマさんがひとりしかいません!!

このような状況のとき、乳児はクマさんが期待どおりふたりいるときよりも長く舞台を見ることがわかっています。つまり、乳児は1＋1＝2を知っていて、1＋1＝1のときに、期待していた事象と異なっていたので、その舞台を長く見たというように解釈することができます。

このような期待違反法を用いることで、言葉を話さない乳児や動物が「何を期待しているのか」を明らかにすることができるのです。この手法をうまく使えば、音と動きの同期性から物体を「推理」しているのかを調べられそうです。

実験3――推理を裏切る光景を見たネコは……？

そういうわけで、実験3では推理を裏切る事象を見せ、その際のネコの反応を見ればよいということになりました。推理が裏切られたときに、その事象を長く見れば、実際に起きたのとは違うことを推理していたということがわかります。反対に、推理が裏切られてもその事象を長く見なければ、そもそも推理なんてしていないことがわかります。

どのようにネコの推理を裏切るのかが問題でした。悩みましたが、ミーティングを重ねるうちに1つの案が浮かびました。箱を左右に振った後に、その箱をひっくり返してみたらどうでしょう？　もしネコがガラガラという音から物体が中にあることを推理していれば、その物体が落ちてこなかったときに、その事象を長く見ることが予想されます(違反条件1)。反対に、物体の音がしないにもかかわらず物体が落ちてくると、その事象も長く見るでしょう(違反条件2)。

実験は2つの段階に分かれます。箱振り段階とひっくり返し段階です。箱振り段階で音がする／しないとき、ひっくり返し段階で物体が落ちてくる／落ちてこないとき、の組み合わせで全4条件ありました。ガラガラと音がした後に物体が落ちてくる、のように、物理法則と一致している無違反条件が2つ、先に述べたような違反条件が2つで実験を行いました。

実験が決まればやることは同じです。色々な場所に行って、ネコちゃんの前で箱を振り続

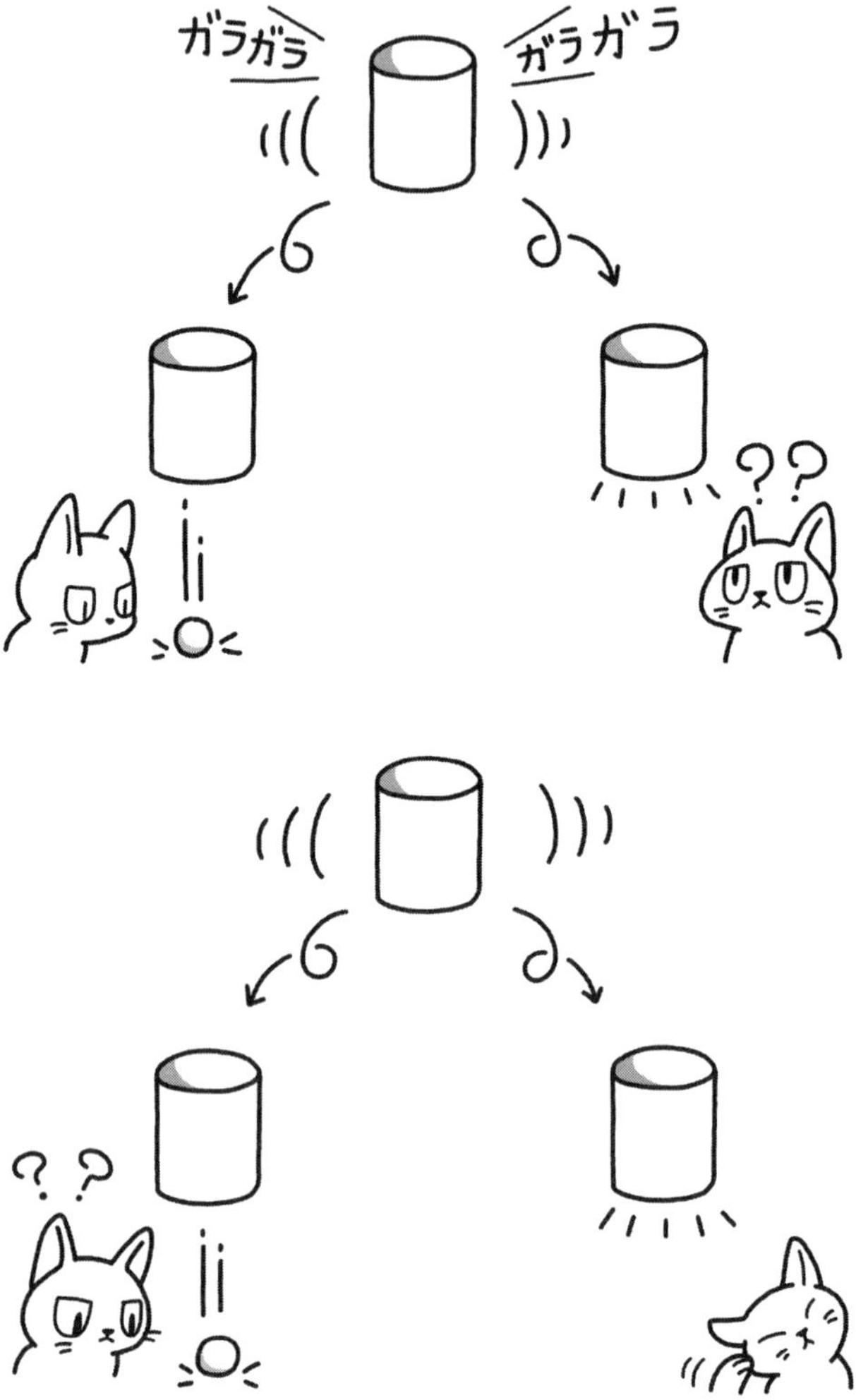
ガラガラ
ガラガラ

けるだけ……。実験1から合わせると3年ほどネコちゃんの前で箱を振り続けていました。ネコちゃんの反応も良好！　中には、違反条件2において、「なんで⁉⁇　さっきまで音してなかったよね⁉⁉」と瞳孔を大きくさせ驚きの表情を隠せない、とてもいい反応のネコちゃんもいました。なんとなくボーッとしているのに、「アレ？　なんで今こうなった？」と動きを止めて、箱にくぎ付けになる子も。自分で考えたトリックがうまくいくってこんなに楽しいんだ！と新米マジシャンのような気持ちで実験をしていました。

1年弱実験を続け、30頭のネコちゃんのデータを取ることができました。結果は仮説どおり、違反条件において、無違反条件よりも長く箱を見つめる行動が見られました。統計的にもこの差は意味があるということがわかりました！　つまり、ネコは箱を振る動きと同期した音を手掛かりに、「中には物体が入っているはずだ」ということを推理できることがわかったのです。

文にするとたった1行「ネコは音から物体の存在を推理できる」。これだけのことを科学的に確かめるために、100頭以上のネコちゃんにご協力いただきました。本当にありがとうございます！

研究を始めたときは、ネコの「思考」を調べた研究は「ネコは因果理解ができない」という1報だけで、科学的にはネコは何も考えていないいんじゃないか、という状況だったのですが、なんとか3つの実験を通して、ネコだって間接的な手掛かりから推理するんだぞ！　ということを示せたかと思います。これだけの手間をかけながら、言えることは本当に少ないのですが、ネコの心の研究において、大きな一歩であったと信じたいです。

ネコは名探偵

私たちが実験したのは物理的な文脈の推理でしたが、文脈を問わず、さまざまな場面でネコが「名推理」をしている可能性があります。

たとえば、外で他の愛想のいいネコちゃんと戯れて帰ると、飼っているネコに「浮気チェック」をされたことはありませんか。もちろんただ知らない猫の匂いに反応しているだけという可能性もありますが、「私がいないところで他のネコと楽しみやがったな！」と推理している可能性はあると思います（これには「嫉妬」という感情も関係していきます。今のところ、イヌでは「嫉妬」の研究はありますが、ネコでは驚くことに決定的なデータはまだでていません）。

その他にも、「あいつが鳴いておやつをもらえないということは、自分も今はもらえないだろう」や、「この物体は小さいので、このくらいの力を加えると落下しそうだ」などの推理を行っているかもしれません。

自分の家のネコちゃんをよ〜〜く観察してみてください！　きっと科学的にはわかってい

ないようなさまざまな推理をしているはずです。

世界からの反響

実験3は、『アニマル・コグニション（動物認知）』というドイツの学術雑誌に投稿しました。「ネコの推理」が目新しかったのか、なんとこの研究が編集者の目にとまり、その雑誌の発行元であるシュプリンガー社から、注目の研究として「ネコは物理法則を知っている」というタイトルで、世界中にプレスリリースが発信されました。

シュプリンガー社のプレスリリースとなると、かなり多くの人が見ています。発表された直後から、世界中から「記事にしたい」と問い合わせがきました。ＢＢＣなどのニュースにもスカイプ（ビデオ通話）で出てほしいと要請があり、広報の人に通訳を頼んで出演しました。国内からも取材依頼はありましたが、海外の方が動物関連の話題に関心をもっている人が多いようで、それ故にニュースになりやすい気もします。

第2章と第3章の研究が海外で高い評価を得たことから、２０１８年には京都大学総長賞も受賞することができました。いろいろな人と相談し、コメントをいただきながら3年間ひたすら箱を振った甲斐がありました。

よく
できま
した

Good!
総長賞

第4章
ネコだって、人を思う

「私のネコちゃんは、私のことをどのくらい認識しているのかわからないんです。名前を呼んでも返事がないことがほとんど……。とくにうれしそうな顔もしない。ごはんという言葉だけは知っていて、そのときはしっぽをビンビンにあげて近寄ってきますけどね（笑）」

飼い主さんとお話ししていると、冗談交じりにこのようなお話をよく聞きます。確かにネコちゃんは、名前を呼んでもイヌのようにいつも駆けてくるなんてことは普通しませんし、嬉しそうな顔も非常にわかりにくい。ヒトのように表情豊かな動物だと、名前を呼んだときに楽しそう／喜んでいそうということがわかりやすいのですが、ネコちゃんの場合はそうはいきません。というのも、表情はそもそも集団で生活する種が、他個体に自分の内的状態を伝えるために発達したもの。元来単独生活をするネコには表情を進化させる必要はなかったのかもしれません。

もちろん、熟練した「ネコ師」になると、目の開け方のわずかな違い、瞳孔の大きさ、しっぽの上げ方の加減、耳の角度から、いま喜んでいるのか、リラックスしているのか、はたまた遊びたいのかはわかるようになります。しかし、やはり顔や行動に表出される情動の量は少なく、難しい。飼い主さんが不安になるのも無理はありません！

そんな一見ポーカーフェイスなところもネコの魅力の１つですが、最近の研究から、つれなく見えるネコが、ヒトからさまざまな情報を読み取っていることが明らかになってきています。この章では、ネコが「ヒト」を頭のなかでどのように認識しているのかを紹介したいと思います。

飼い主の声がわかる

ネコの認知研究のパイオニアである、上智大学の齋藤慈子先生が２０１３年におもしろい論文を発表しています。「ネコは飼い主の声がわかる」というものです。こんなに身近なネコが飼い主の声がわかるかどうかすら、２０１３年にならないと（科学的には）明らかにならなかったのは驚きですよね。それだけネコの認知実験は遅れているということです。

齋藤先生は乳幼児などに用いられる心理学的手法「馴化―脱馴化法」を用いることで、この事実を証明しました。馴化―脱馴化法というのは、ヒトや動物が共通してもっている性質「馴れ」を利用して、２つの刺激間の違いがわかるのかを調べるものです。

初めてこの手法を知ったのは大学生のときでした。先生のたとえ話がわかりやすかったので紹介しましょう。あくまで「仮想」の実験です。

喉の乾いた赤ちゃんに「南アルプスの天然水」をチューチュー飲ませるとします。すると最初は勢いよく吸っていた赤ちゃんもだんだん飽きてきて、しまいには吸わなくなりました（これを「馴化」といいます）。その後、中身をこっそり「い・ろ・は・す」に変えます。すると、どうでしょう！　赤ちゃんの反応が復活し、チューチュー吸う頻度が増加しました！（これを「脱馴化」といいます）つまり、もしこのような結果が出れば、実験から赤ちゃんは「南アルプスの天然水」と「い・ろ・は・す」を区別できることがわかるのです。

じつはこの馴化─脱馴化法、動物に適用するには難しいことが多いのです。というのも、どれくらい馴化させるか、刺激と刺激の間の長さなど、細かいパラメータによって結果が変わってきてしまうおそれがあるからです。先ほどの例でいうと、「南アルプスの天然水」をあげる長さを3時間と設定していれば、いくら中身を「い・ろ・は・す」に変えたところで、赤ちゃんの反応は復活しにくいと考えられます。水を飲むという状況自体に飽きてしまっているからです。「「南アルプスの天然水」には飽きたけど、まだお水は飲みたい」という絶妙な間合いで「い・ろ・は・す」を提供しなければならないのです。そうでないと、実際は区別がついているのにもかかわらず、「区別していない」という結果が出てしまいます。このような地味〜〜で細かいパラメータの設定も、研究者の腕の見せどころなのです。

齋藤先生の実験でも、お水実験と同じようなことをネコに行いました。知らない人の声でネコの名前を呼んだ音声を3回再生します。1回目は多くのネコが大きな反応をします。しかし、その後2回、3回……、知らない人に名前を呼ばれていくなかで、その反応は弱くなります。そこで、4回目に飼い主さんの声を再生します。するとどうでしょう！　ネコの反応が回復し、反応が強くなりました！　このような結果から、ネコは飼い主の声と知らない人の声を区別していることがわかったのです。

ネコはツンデレ?

この論文では、実験の条件などを知らないヒトが「ネコが飼い主の声を聞いたときに、どの程度反応したのか」を4段階で評定しており、非常にクリアな結果が出ました。しかし、ネコの行動そのものを見てみると、なんと、というか、やはりというべきなのか、飼い主の声が呈示されたときに、頭をスピーカーの方へ動かすような「わかりやすい反応」をする個体はごくわずかだったそうです。ヒト評定者は、より微細な耳の動き／しっぽの動きなど、すべての行動変化を合計することで、脱馴化が見られると判断できたのですね。ネコはやはり「ツンデレ」でした。つまり、飼い主が名前を呼んだとしても、「振り向く」「返事をする」といったような、わかりやすい反応をする個体はごくまれで、耳やしっぽだけで返事する個体が多かったのです。

この結果は、全国のネコ飼い主さんにとって朗報といえるかもしれません。呼んでもとくに反応がないあなたの家のネコちゃんも、ちゃんと飼い主さんの声を区別しているだろうと考えられます。ツンデレで、わかりやすい反応をなかなか見せてくれないネコですが、この論文が発表されてしまったことから、飼い主の声をしっかり認識していることがバレてしまいましたね。この結果をネコに報告すると、「なに⁉ いつもわかっていないフリをしていたのにバレてしまったのか……」と思うのかもしれません。

ネコは「飼い主概念」をもつのか?

この論文をみて1つの疑問が頭をよぎりました。

「飼い主の声と知らない人の声を聞き分けていることはわかったけど、それはどのような認識のものなんだろう? 単によく聞く音(飼い主の声)とあまり聞かない音(知らない人の声)に対して反応が変わっただけなのだろうか? とくに飼い主さんの声は、ネコにとって「良いこと」が後続する場合が多いはず(名前を呼ばれておやつをもらったり、撫でてもらったり)。そう考えると、「飼い主さんの声」は良いことが起きる合図であり、「大好きなごはんが入っている缶を開ける音」と機能的には変わらないのだろうか? それともそのような「単なる音の弁別」や「良いことが起きる合図」を超えて、「飼い主の声」という認識をしているのだろうか? つまり、「飼い主」という概念を有しているのだろうか?」

このような学術的な関心とともに、「いつもはポーカーフェイスで、名前を呼んだとしても必ず振り向いてくれるとは限らないネコが、頭の中に密かに飼い主概念を隠しもっているとなると……かなりかわいい!!!!」そうも思いました。

そこで私はこの疑問を探るべく、ネコが飼い主概念をもつのか調べようと思い立ちました。

ヒトのもつ概念

概念とは、ある事象に対してその見た目や機能にもとづいてさまざまな情報を統合し、1つにまとまっているものを指します。たとえば、「イヌ概念」を考えてみましょう。「イヌ」と聞くと、私たちはイヌのさまざまな側面を想像することができます。愛らしい姿や、触るとふわふわの毛、撫でると喜んでしっぽを振るところ、「ワンワン!」という鳴き声、抱きつくとするなんともいえないいい匂い。

この例でわかるように、「イヌ概念」にはさまざまな感覚から得た情報が統合されています。姿かたちなどの視覚情報や、鳴き声などの聴覚情報、体臭などの嗅覚情報などです。つまり「飼い主概念をもっている」ということを示すためには、このような多感覚の情報が統合されており、1つの情報を呈示すると統合された他の情報も芋づる式に取り出される(飼い主の声を聞くと飼い主の顔を想像できる、など)、ということを示せばよさそうです。

イヌの飼い主概念

そこで参考にしたのが、京都大学の足立幾磨《あだちいくま》先生が2007年にイヌで行った研究です。足立さんはCAMP創設メンバーで、とても頼りになる大先輩です。この研究では、イヌが飼い主概念をもっているのかを調べるために、飼い主の声を聞いたときに顔を想像するのかを調べました。「想像しているのか」を調べるのはとても難しそうに思えますよね？ｆＭＲＩ（機能的核磁気共鳴画像）みたいな装置にイヌを入れて、脳画像を見るの⁉と思われる方もいるかもしれませんが（実際、イヌをｆＭＲＩに入れて脳画像を取得した研究はあります。現在のところネコの研究はありませんが、今後研究が発展していくとネコのｆＭＲＩ研究が出てくるかもしれません）、じつは第3章で登場した「期待違反法」を用いることで、意外と簡単に調べることができます。期待違反法は本当に万能です！

実験はこうです。イヌにモニターの前に座ってもらい、飼い主の声を再生したのちに、飼い主の顔、もしくは知らない人の顔を見せます。もしイヌが飼い主を構成する多感覚の概念を有しているのならば、飼い主の声を聞いて、飼い主の顔を想像するはずです。一方で、飼い主さんの顔を想像しているイヌに、知らない人の顔を見せるとどうなるでしょう。イヌは「飼い主さんの声がしたのに、知らない人が目の前に出てきた！」となり、イヌの期待が違反され、モニターを長く見るだろうと予測されます。

実験の結果、イヌは飼い主さんの声で呼ばれたのに知らない人の顔が出てくる不一致試行のときに、画面を長く見ることがわかりました。ここから、イヌは飼い主の声を聞いて顔を想像していることが明らかになったのです。こちらの手続きをネコ用に改変したものを使用しようと考えました。

ネコ用の手続き

イヌ用の実験手法は確立されているのですが、ネコ用手続きにするうえで、どのような変更を加えればよいでしょう？　当時、ネコにモニターを見せる実験は世界中探してもほとんどなかったので、どんな点に気をつければいいのか、まったく見当もつきませんでした。

1つ気になったのが、イヌ用の実験では、顔写真の呈示が30秒と長かった点です。イヌは、「おすわり」を覚えている子が多く、飼い主さんが側にいれば安心してジッとしている子が多いのですが、ネコが30秒もジッとモニターの前に鎮座してくれるとはまったく思えません。予備実験として、試しにネコをモニターの前に座らせてみましたが、10秒が限界でした。

そこで私は30秒から大幅に減らした7秒を画面の呈示時間とすることに決めました。色々な人から「少し短すぎない？」と心配もされましたが、ネコの行動を観察していると、これ

が精いっぱいの時間でした。
　このようなわずかなパラメータの設定の違いで実験の結果が大きく変わってしまうことがあります。30秒も座らされたネコは我慢できなくなって、目の前にある画像どころではなくなってしまうでしょう。この実験では、飼い主の声と顔、知らない人の声と顔という4種類の刺激の組み合わせで実験を4回行う必要があったので、4条件すべてでデータを取りきるために、できる限りネコへの負担を軽減することが非常に大事でした。
　一度機嫌を損ねたネコの機嫌を取りなおすのは、それはそれは大変です。ネコは嫌なことはすぐに覚えるので、モニターの前に2度と落ち着いて座ってくれなくなります。また、チームで調査に行くため、ソファやベッドの下に隠れてしまって、その後他のメンバーの実験がすべてできない、となる可能性すらあります。そうなってしまうと、ネコちゃんにストレスをかけてしまうだけでなく他のメンバーの調査も不可能になり、せっかく協力を申し出てくださった飼い主さんにも申し訳ない気持ちでいっぱいになってしまいます。ご家庭やネコカフェで飼育されているネコちゃんを対象に実験を行っているので、ネコちゃんの機嫌をとることは最優先で考えなければならないことなのです。

プログラミングに挑戦

画面の呈示時間も決まった、さあ実験を始めるぞ！　と意気込んだのはいいものの、全部手動で音声を再生したり写真を呈示したりすると、必ず誤差が生じてしまいます。ある個体には7・5秒呈示し、ある個体には6・5秒呈示、のようになってしまうと、刺激呈示時間が「どれだけ画面を見たか」の指標に影響を与えてしまいかねません。

そこで私はプログラミングを使ってこれらの刺激を電子制御することにしました。そうすることで、刺激呈示の誤差を極力防ぐことができます。じつは同じ研究室内でも鳥の研究などは、難しそうなコードを何ページにもわたって書いて、鳥の現在地をトラッキングし、それに応じて刺激を出す、などの高度なプログラミングをしている人が多くいました。当時とてもアナログな手法でしか実験していなかった私は、それを横目に見ながら密かに強い憧れを抱いていました。「私もあんなふうに数字を操って刺激を制御したい……！　そんな実験がやっとできるんだ！」

意気揚々とVisual Studio 2013をインストールして、しこしことプログラミングしていきます。少しは勉強していたので、画像を呈示させるところまでは意外と簡単にできて、非常に感動したのを覚えています。「これで私もかっこいい科学者の仲間入りだ！」

そんなふうに自信をもったのもつかの間、条件設定のところで大きく躓《つまず》いてしまいました。そこで初めて、私はプログラミングの恐ろしさを体験することになります。手探りの状態でネットで解決策を探し、それの通りにコードを実行してもエラーばかり。プログラミング開始1週間たらずで、どうやら私にはプログラミングは向いていない、ということに気づきました。なんせ「自分は正しいと信じて疑わず、エラーがでるのはすべて機械のせい」と思い込むたちの私は、「どこがおかしいのか」という視点がもてずにいたのでしょう。こんな人はまったくプログラミングに向いていません(笑)。静かな研究室でボソボソと「エラー……エラー……!!　これもエラー……　もう無理だ……」と呟いていた私(かなり迷惑な話です。研究室の皆様、ごめんなさい)を見かねたのか、プログラミングが得意な同期が献身的にエラーを読み解いてくれ、なんとかプログラムは完成しました。1人で完成させるのは絶対に無理でした。ほんとに、さまざまな人の助言や協力があってこその研究だ、ということに改めて気づかされました。（その後、５年の歳月を経て、このとき助けてくれた同期と結婚しました。）

実験スタート

プログラムも無事完成、さっそく実験スタートです。いつもの通り、カフェネコと家庭ネコで実験を行います。これまでの研究と違う点は１つ、カフェネコと家庭ネコを群に分けて分析する点です。今回の実験では、飼い主さんと知らない人の声と顔を刺激として用います。知らない人の声や顔に毎日さらされていると考えられるカフェネコと、そのような頻度が少ない家庭ネコでは、結果の出方が違うと予測できたからです。生後経験による違いで、結果に違いが出たら、それは非常に面白い発見になりそうです。

画面を使った実験は初めてだったので、画像呈示時間を短くしたとはいえ、ネコがモニターに映った飼い主さんや知らない人をデータになるくらいまでしっかりと見てくれるかは非常に心配していた点でした。というのも、実験をする前の雑談として、テレビを見るネコ・見ないネコは極端に分かれるというお話を飼い主さんたちからよく伺っていたのです（「うちの子でもこっちの子はよくテレビを見るんですけど、あっちの子はまったくで～」などというお話）。しかし、蓋を開けてみると解析できるくらいまでにはモニターに映った写真を見てくれることもわかりました。といっても、やはりイヌの飼い主さんを見る長さにはかないません。先ほどのイヌの実験では、イヌは平均して7秒程度画面を見ましたが、ネコは3～4秒でした。何がこの違いを生むのかは未だにわかっていません。顔を見るようなコミュニケーションが発達しているのか、に関連すると思っていますが、どうなんでしょうね。

そんなこんなで実験のデータはなんとか取れることがわかり、毎日大学から調査に行く日々。重いカバンを背負いながら、いろいろなネコちゃんに会いに行きます。多頭飼いのご家庭がある！と聞いて、片道2～3時間かけて伺ったご家庭もありました。

私はとっても飽き性で毎日同じ作業をすることが大の苦手です。そんな私にとっては、毎日違う場所に行って違うネコに会ってデータを取ることはとても向いているのかもしれません。暑い夏の日は汗だくになりながらお伺いして、飼い主さんが親切にも出してくださった冷たいお茶が本当においしかったのを覚えています。

CAMP―NYAN東京出張！

カフェネコデータは順調に取れていったのですが、家庭ネコのデータがなかなか集まらないことに気づきました。確かに、これまではカフェネコと家庭ネコのデータを分けて分析していなかったので、それほど多くの家庭ネコさんは必要ではありませんでしたが、今回は家庭ネコさんだけで30～40個体必要です。しかし、まだできて間もないCAMP―NYAN

にはネコちゃんの登録がそこまでありません。「どうしよう……家庭ネコさんが足りない……」そこで頼りにさせていただいたのが、「ネコは飼い主の声がわかる」という論文を発表した齋藤先生です。共同研究という形で、東京在住のご家庭にＣＡＭＰ―ＮＹＡＮの調査をしてもよいか聞いてくださることになりました。

諸々の手続きを終え、齋藤先生が東京の飼い主さんに連絡を取って下さり、私たちの調査に参加してもいい、と名乗りをあげてくれた方が何人もいらっしゃいました。本当にありがたいことです。そのような流れで私たちのＣＡＭＰ―ＮＹＡＮ出張ネコ調査＠東京計画が立ち上がりました！

東京出張は3日という限られた時間内で10軒程度のご家庭を巡る必要があります。京都にいる頃はおおよそ週1回、1日1軒のペースだったので、かなりのハイペースです。効率よく巡るためには、飼い主さんのご都合はもちろんのこと、飼い主さん同士の家のアクセスのしやすさ、最寄り駅からの経路、交通機関の詳細な把握……などなどかなり緻密な計画を要します。ド関西人で京都から出たことがなかった私。最初は山手線がＪＲだということも知らなかったレベルです（「ＪＲ線こちら」と書いてはあるが「山手線こちら」とは書いてくれていなかったので、山手線の乗り場はどこか探し回った経験あり）。そんな私にこんな作業ができるのか……ネコちゃんのご機嫌をとるよりも圧倒的に難しいぞ……と思いました。

最初は、地図上に飼い主さんの家を登録して、単純に近いところを巡ろう！と思いました。我ながらシンプルかつ最強のアイディアです。しかし、皆さんご存知のように、東京は東西の交通網は大変発達しているのですが、南北となると電車が少ないため、一気に難しくなるんですよね。調べると、1時間に二、三本しかないバスで移動する経路が出てきたりします。ネコちゃんの都合によって調査の終了時間が前後する可能性のあるネコ調査において、1時間に二、三本のバスに頼るのはさすがにリスキーです。地図上は非常に近いご家庭同士でも、アクセスのしやすさとなると違ってきてしまうんですよね。土地勘がないとかなり難しい作業です。

その他にも、ご家庭のネコちゃんの性格による調査の種類の検討、お伺いするメンバーの決定（ありがたいことに多くの飼い主さんに手を挙げていただいたため、二手に分かれて調査に行きました）や、メンバー同士の荷物の受け渡し（メンバーによって宿泊場所が異なるため、次の日の朝の調査には誰が行って、どこで装置の受け渡しを行うのか）などなど、考えなければならないことが山積みです。飼い主さんと密にメールをとり、ときには日程の変更をお願いしたりしながら、ほぼ1カ月くらいかけてこの一大出張プロジェクトの予定を組みました。なんせCAMP—NYANメンバーは全員関西人。大都会東京で迷ってしまわないために、何時の何線に乗れば間に合う、もしそれに間に合わなかった場合、次の電車は何時に発車する、駅から徒歩何分、ネコちゃんの性格などの情報を入れた「旅のしおり」まで作成しました。

その甲斐もあり、東京出張は見事に成功！　調査が遅れてしまって、ドミノ倒し式にすべての調査が後ろ倒しになってしまったらどうしよう……交通機関が麻痺して計画が総崩れになったらどうしよう……など、出張が成功するまで不安は尽きませんでしたが、なんとか大きなトラブルもなく、3日間という短期間で多くの家庭ネコさんのデータを取得することができました。協力していただいたすべての方に感謝です！　その後、関西でご家庭の登録が増えるまで、東京出張は恒例行事になりました。

実験無事終了！

データを取り続けること1年、来る日も来る日もネコちゃんにモニターを見せに関西のご家庭や東京にまで赴き、なんと総計110個体のネコちゃんのテストをしました。その中で23個体は残念ながら、4試行中1回も画面を見てくれなかったので除外されました。やっぱりモニターを見ない子は見ないということがわかりました。残った87個体、カフェネコ43個体、家庭ネコ44個体分のデータを解析しました。

その結果、予測どおり、カフェネコと家庭ネコで結果に大きな違いがでました。つまり、生育環境によってデータががらりと変わったのです！　個人的にはかなり面白いデータです。

カフェネコは予測どおり、不一致条件、つまり飼い主さんの声がしたのに知らない人の写真が出てくる条件や、知らない人の声がしたのに飼い主の顔が出てくる条件で画面を長く見ることがわかりました。お手本のようにきれいな期待違反の結果です。この瞬間のために1年間データを取り続けた甲斐がありました。研究者の一番の喜びの瞬間です。

このような結果から、ネコも飼い主さんの声を聞いて顔を想像していることが示唆されたのです。つまり、少なくともカフェネコは飼い主さんの声や顔などのさまざまな情報を統合した「飼い主概念」を有していることがわかりました。

なぜ？　カフェネコと家庭ネコの違い

それでは家庭ネコの結果はどうなったのでしょうか。なんと、カフェネコのようなきれいな結果とは程遠いデータになりました。条件間での差は一切なし。これは意外な結果です。カフェネコさんよりも、飼い主さんと過ごす時間は長いはずなのに、家庭ネコは飼い主概念をもっていないということなのでしょうか？

その理由は、やはり実験の条件設定にあったとみています。この実験では、飼い主さんの声と顔、知らない人の声と顔を刺激として用いています。前述のように、カフェネコは知らない人を毎日見ているので、知らない人の声や顔が出現しても驚きません。しかし、家庭ネコは圧倒的に知らない人の経験が不足しています。ネコの祖先種は単独性で、縄張りの中で生活しています（ネコは居住地の餌の量などによって、集団を形成する場合もあるため、ネコが単独性かどうかについては議論があります）。そのため、侵入者に対しては強い感受性をもちます。ネコも同様にその傾向があり、知っている人と知らない人に対して異なる反応を見せることがわかっています。おそらく皆さんのネコちゃんの中にも、ピンポーンと宅配のベルが鳴るだけで冷蔵庫の裏やベッドの下、押入れの奥に隠れてしまうこわがりさんがいることでしょう。

このように、家庭ネコはいきなり知らない人の声が聞こえたり、知らない人の顔が出現したりすることで、期待違反を超えた「知らない人反応」が出てしまったのかもしれません。実際、家庭ネコは飼い主さんの声がして知らない人の顔が出てくる条件（不一致条件）よりも、知らない人の声がして知らない人の顔が出てきたとき（一致条件）の方が長くモニターに注意を向けました。「誰やねん、おまえ⁉」とでも言っているのでしょうか。

このように、家庭ネコは「飼い主概念」を有していないのではなく、「知らない人が出てきて驚いてしまった」というのが、結果についての今のところの私の解釈です。だから安心してください！　あなたのネコちゃんも、きっと飼い主さん概念をもっているはずです。今後、完全に知っている人同士（お母さんとお父さん、など）を刺激に使うことで、きれいな期待違反が出るのではないかと考えています。

イヌとネコの違い

じつはカフェネコの結果は、イヌの結果とも完全に一致はしていません。カフェネコは、2つの不一致条件できれいに期待違反が生じたのに対し、イヌは飼い主の声がして知らない人の顔が出てきた不一致条件では、期待違反が生じましたが、知らない人の声がして飼い主の顔が出てくる不一致条件では、期待違反の効果が少ないのです。

そもそも実験の予測をもう一度考え直してみると、前者の不一致条件では飼い主の声から飼い主の顔を想像していれば期待違反が生起しますが、後者の不一致条件で期待違反が生起するためには、知らない人の声がしたときに知らない人の顔を想像しなければなりません。「知らない人の顔」を想像するのは、よくよく考えるとかなり難しいことです。知らないのに想像できるって何……？ と混乱してしまいます。イヌの効果がアシンメトリーな結果になったのはこのせいでしょう。

それではなぜカフェネコだけが「飼い主の声から飼い主の顔を想像する」のみならず、「知らない人の声を聞いて顔を想像」できたのか。それはやはり、彼らのかなり特殊な環境に答えがあると考えています。ネコカフェで飼育されているネコさんたちは、毎日毎日知らない人が訪れ、その人と遊んでもらったり、おやつをもらったりします。野生のネコや家庭で飼育されているネコでは決して経験できないくらいの「知らない人」への接触があります。このようなカフェネコは、知らない人が出てきても驚かないだけでなく、「知らない人概念」ができているのではないでしょうか。そのような概念をもったカフェネコは、知らない人の声がすると、なんとなく知っている人以外の顔を想像することができるのでしょう。

生育環境によって変化する心

ネコカフェという日本でとくに発達した施設を利用し、毎日知らない人に接触している超特殊な環境にいるネコを調べることで、同じ刺激を見せても生育環境によって反応に違いが生じることがわかりました。異なる環境で育つと異なる心をもつようになる、というのは一見当たり前のことですが、ネコでこのことをデータとして示せている研究は世界でもほんのわずかです。

ありがたいことに(?)ネコはさまざまな場所で飼育されています。今回対象にしたネコカフェもそうですが、その他にも特定の飼い主をもたない島ネコ、保護施設で飼育されているシェルターネコ、地域のさまざまな人がお世話をする地域ネコ。これらのネコはそれぞれ日々まったく異なる経験をし、いろいろなことを学び、学習していきます。これらのネコたちにも、それぞれ異なる心が存在していると考えられます。

ネコはバイリンガル！

とくに私が注目しているのは、ネコは「バイリンガル」であるという点です。というのも、私たちが海外に行ったらその国の作法に従うように、ネコは私たち「ヒト」に対するコミュニケーションと、「ネコ」に対するコミュニケーションとを上手に使い分けています。

たとえば、「ヒト」のコミュニケーションでは、優しく視線を合わせることは友好的なシグナルになります。ネコちゃんを可愛がるときに、そっと顔を近づけてまっすぐネコを見て、からだをもち上げたり頭を撫でたりすることがありますよね。一方、「ネコ」のコミュニケーションにおいては、真正面から直視するという行動は、威嚇のシグナルです。少なくともヒトの家で飼育されていて、ヒト馴れしているネコは、ヒトに直視されても威嚇の態勢を取りませんが（これも面白いことに、飼い主さんに見られても怒らないが、知らない人に見られると怒るネコはいるかもしれません）、そんなヒト馴れしているネコちゃんも、ネコに直視された際は威嚇の態勢をとることが予想されます。実際うちの実家のネコも、ヒトに対してはベタベタに馴れていて、直視してもゆっくり瞬きをするだけですが、ある日近所の野良ネコが窓越しに覗いてきたときには、ものすごい剣幕で威嚇していました。これは、ネコが対ヒトと対ネコでコミュニケーションを使い分けているということになるでしょう。

この対ヒト用のコミュニケーションを、ネコはどこで学ぶのでしょう？　それは、生まれてからの経験であると考えられます（もちろん、ヒトと長い共生を続けてきたネコは生得的に対ヒト用のコミュニケーションを身につけている可能性はあります。この話は次の章で詳しくします）。たとえば、島ネコは対ネコ・コミュニケーションは発達させていますが、対ヒト・コミュニケーションはあまり発達させていないかもしれません。一方、家庭で飼育されているネコは対ヒト・コミュニケーションの方が得意で、対ネコ・コミュニケーションは苦手かもしれません。人間との関わりによって、どのようにネコ―ヒト・コミュニケーションが変化していくのか、今後の研究で調べていくべきポイントだと考えています。

第5章
ネコだって、進化する

家にいる愛らしいネコちゃん。朝、ごはんの時間にベッドに大声で起こしに来て、寝ぼけまなこでごはんをやると、バクバク食いつき、気が済むとお気に入りの場所に行ってまた眠りにつく。「行ってきまーす！」と言ってもお見送りにも来ない。日中はずっとすやすや夢の中……。

一般的なネコちゃんの生活を書いてみました。私も平日は仕事に出てしまうので、自分のネコにかけられる時間が少なくいつも申し訳なく思い、休日は家にいる時間をつくりますが、彼らは日中ほとんど寝ていて、せっかく一緒にいるのにひたすらネコの寝顔を眺めているだけ……ということが多々あります。それはそれでとても幸せな時間にかわりないんですけどね。

一般的には、「のんびりすることが仕事」のように思われているイメージのネコちゃん。せわしなく動き、仕事の締め切りに追われている現代人としては、ノーストレスにみえる生活を送るネコを見て、「ネコになりたい！」と思う方も多いことでしょう。私もそのなかの1人です。ですがそんな彼らも、もともとはどんな獲物の音も聞き逃さない優秀なハンターだったことをご存知ですか？　ガシャガシャ鳴るおもちゃを動かしただけで、ぐっすり眠りについていたネコちゃんがどこからともなく起き出し、「狩り」をする姿に驚いたことがある人も多いはず。その姿こそ、ネコのハンターとしての姿なのです。

この章では、ネコがどのようにして現在のネコになったのかを簡単に振り返ったのちに、祖先種であるヤマネコからネコへと変わるなかでどのような変化があったのかに関して、CAMP―NYANの遺伝子を用いた研究を紹介し、なぜネコがここまでヒトに愛されるのかを科学的に探っていきたいと思います。

ネコとヒトの出会い

今やヒトの生活に密接に溶け込んでいるネコちゃんですが、ネコとヒトは一体いつ出会ったのでしょうか？　一番古い証拠として、キプロスで見つかった約1万年前の化石があります。なんとヒトのお墓にヤマネコも一緒に埋葬されていたのです！　このヒトとネコがどんな関係だったかはわかりませんが、一緒のお墓に入るくらいですので、きっと私たちと同様にネコをすごく愛していたのでしょう。私も叶うならネコと一緒のお墓に入りたいです。

しかし、そこには疑問が残ります。（ヤマ）ネコ以外の野生動物ともたくさん出会っていたであろう私たちの先祖が、なぜ「（ヤマ）ネコ」と一緒に暮らし始めたのでしょうか？　そこには両者にとってなんらかのメリットがあったはずです。

なぜネコとヒトは共生し始めたのか？

そのナゾを解く鍵は、「約1万年前」という年代にあります。じつは1万年前というのは、私たち人類の生活スタイルが大きく変わった年代なのです。さまざまな考古学的な研究により、狩猟採集をして各地を転々としていた人類が、約1万年前に肥沃な地域に定住し農耕を開始するようになったといわれています。

農耕を始めたということは、収穫したものを保存しておく貯蔵庫が必要になります。それでは、収穫したものを貯蔵庫に貯めておくと何が起こるでしょう？　貯蔵庫といっても現代のような密閉された冷蔵庫や保管庫などはありません。木材で作った隙間だらけの貯蔵庫に収穫した穀物入れると……そうです、ネズミがやってくるのです！　日本史で習う高床式倉庫にねずみ返しがついていたことを覚えている人も多いかもしれません。その時代のご先祖さまはたいそう困ったことでしょう。自分たちが手塩にかけて育て、家族を、仲間を養うために不可欠な財産を、ネズミは横取りして食い荒らしてしまうのです。

そこへ颯爽と登場したのが、われらがネコの祖先、リビアヤマネコです！　ヤマネコは肉食で、ネズミが大好物。貯蔵庫にいるたくさんのネズミを見て、私たちでいう焼肉食べ放題に来たような気持ちになったかもしれません。ここに来れば、食いっぱぐれることはありません。

ヒト側からみると、大切な穀物を食い荒らすネズミを退治してくれるヤマネコは救世主、ヤマネコ側からみても貯蔵庫は貴重な餌場。ということで、見事に両者の利害が一致し、ヒトとネコの共生が始まったと考えられています。

「かわいい」ヤマネコ

もちろんヤマネコは野生動物なので警戒心が非常に強く、ヒトが近づいたら逃げる個体がほとんどだったと思われます。しかし、たくさんいるヤマネコのなかで、たまたまヒトの姿を見ても逃走しない警戒心の低いヤマネコが貯蔵庫に訪れたのでしょう。ヒトがヤマネコを一目見て、その「かわいさ」にたちまち魅了されてしまったことは想像に難くありません。この「かわいさ」というのは、ヤマネコがネコになるうえで非常に重要な要因の1つだと考えられています。どんなに利害が一致しても、ヒトから見てかわいくなければ、「飼いたい！」「守りたい！」とは思わないですよね。

じつはヤマネコやネコは、大きな目・低い鼻・広い額・丸い顔など、ヒトが「かわいい」と感じる要素を兼ね揃えています。このような形態はネオテニー（幼形成熟）とよばれ、ヒトや動物の赤ちゃんに見られるような顔の特徴を指します。ヒトに限らず、赤ちゃんはとってもかわいいもので、ヒトの目を惹くためよく広告などにも用いられますが、赤ちゃんだから可愛く感じるのではなく、ヒトが見て可愛く感じさせるような姿かたちが赤ちゃんなのです。その赤ちゃんの「かわいい」を有しているのが、ヤマネコだったということです。たまたまかわいい形態をもったヤマネコが、ネズミを食べるためにヒトに近づいてきてくれた……。なおかつヒトは他の動物よりも「かわいがりたい欲求」が強い！　なんせわざわざお金というコストを払って自分の家に動物を飼育しようとする変な種です。1万年前のヒトと現代のヒトがそれほど大きく変化していないことを考えると、この2種が出会ったという時点で、ネコが伴侶動物になることはほぼ確定したも同然です。運命の出会いのようにロマンチックです。

ネコ自ら志願してヒトと暮らすようになった？

多くの伴侶動物・家畜動物は、ヒトが彼らを生息地から連れてきて繁殖をコントロールすることで、家畜化が行われました。一方、ネコは自分からヒトに近づき、貯蔵庫からネズミをとり、家畜動物になったといわれています。考えてみれば、現代ですら「ごはんの切れ目が縁の切れ目」のようなネコも多く見かけます。「ちゅ～る」を使ってやっと近寄ってきてくれたネコちゃん、「ちゅ～る」がなくなってしまうと、こちらが撫でようとしてもそっぽを向いて立ち去ったり、すぐにキャットタワーの上に行ってしまったり……。つまり、ネコを怒らせることなくヒト側から何かを強制することはほぼ不可能です。ヤマネコはネコと比較して、さらにヒトのいうことをきかなかったと考えられますし、当時は気密性の高い家でもなかったでしょうから、嫌がるヤマネコを無理やり繋ぎとめることなどできなかったでしょう。このような事実から、ネコは自ら望んでヒトと暮らし始めたことがうかがえます。

実際、彼らの繁殖にヒトが手を加え、品種が確立するようになったのは、ここ数百年ほどのことです。ヒトと共生するようになっても多くのネコは自由恋愛、自由繁殖状態。ヒトに望ましい性質をもった個体を選択的に交配させてきた他の家畜種とは大きく異なります。このことから、ネコは完全には家畜化されていない、半家畜化された種ともいわれています。

このような生物としての背景があるため、ネコはハンターとしての血が色濃く残っています。自然豊かな地域でネコを飼育されている方は、ネコちゃんから獲物のプレゼントをもらっている方も多いのではないでしょうか。私も古い家に住んでいたので、よくゴキブリが出ていたのですが、私の子はゴキブリ狩りをして必ず私の部屋にもってきていました。家の中のどこに出没したゴキブリであろうと、わざわざ私の部屋まで運ぶ……。愛猫を撫でようとするとゴキブリをくわえていたことがあり、予期せぬことに「キャーー！」と叫んでしまったことがあるのですが、ネコは「え…？　なんで…？　嫌い…？」と言わんばかりの顔で不思議そうに私を見つめていました。この行動は親ネコが狩りがまだ下手な仔ネコに対してする行動で、ネコにとってはご褒美をヒトにあげているつもりなのかもしれません。

百猫百様

ネコのなかには、ヒトになつきやすく知らない人に対してもすぐにお腹をみせてしまうような、野生はどこに忘れたの？ というネコちゃんもいれば、まだまだ知らない人に対する警戒心をもっているネコちゃんもいます。これは調査などに行っても顕著で、同じきょうだいネコなのに性格が全然違ったりします。ネコが完全に飼いならされたわけではない、半家畜化という特殊な状態の動物だということが関わっているのかもしれません。次に紹介する遺伝子を用いた研究からも、ネコの性格が百猫百様なことがわかってきています。

リビアヤマネコとネコの違い

ここまでヤマネコがどのようにヒトと出会い、ネコになったのかを簡単にお話ししてきました。でもちょっと待ってください。「リビアヤマネコ」、見たことありますか？ 彼らの外見は、私たちが知ってるキジトラネコちゃんとほとんど一緒ではありませんか!! 私の実家のネコはキジトラでしたが、よく写真のリビアヤマネコのような顔をしていました。よ〜〜

く見ると、リビアヤマネコのほうが多少足が長く、顔がしゅっとしていて、大きい気もしますが……。

祖先種なんだから、そこまで違わなくても不思議ないんじゃないの？と思ったそこのあなた！　比較として、イヌを考えてみましょう。イヌの祖先種オオカミとチワワでは、見た目が全然違います。彼らはヒトとの共生の歴史が最も古く、ネコよりもかなり長いと考えられていますが、それにしたって、オオカミとチワワを間違う人はいません。オオカミからイヌに進化するにしたがって、外見がものすごく変化したことがわかります。ここからも、ネコの外見がヒトと一緒に暮らすようになってから、どれだけ変わっていないのかがわかります。

愛猫ミルちゃん

リビアヤマネコ

しかし、ヒトと生活をすることになって、彼らは本当に何も変わらなかったのでしょうか……⁉　いや、絶対変わっているはずだ‼　そこに目をつけたのが同じCAMP―NYANの立ち上げメンバーの荒堀みのり博士でした。

遺伝子から探るネコの性格の変化

荒堀さんは、1つ下のとても優秀な後輩で、なんと学部4年生の頃から野生動物研究センターという京大内の他の施設の研究室に出入りして、主に行動を対象とする心理学の他に遺伝学を学んでいました。当時ネコの遺伝子の違いによって、性格や行動が変化するという研究はほとんどなく、世界的にみてもパイオニア的な存在でした。心理学をバックグラウンドに遺伝学もできるスーパー研究者です。そんなものすごく優秀な彼女ですが、のほほんとしたキャラクターものが大好きで、そのギャップがまた魅力なんです。

彼女は、ヤマネコがネコになるうえでどのような性格の変化があったのかに着目しました。野生動物だったヤマネコのままでは、ここまで多くの人に受け入れられる伴侶動物にはなっていないはずです。野生動物はヒト(自分の何倍も大きな生き物)を怖がりますし、非常に憶病です。一般的に家畜化されると、ストレス応答が減って好奇心が旺盛になり、ヒトに対してもなつきやすくなるといわれています。いくら形態に大きな変化がなくとも、このような性格上の変化が見られるはずだ、そう考えたのです。

進化に伴う性格の変化を調べるためには、理想的には、祖先種のリビアヤマネコとネコで新奇な物体を怖がるかなどの性格テストを実施し、相互に比較し、どの点に変化があったのかを検討することが必要です。ところがどっこい！ ネコの性格テストはできそうですが、ヤマネコの性格テストをするのはなかなか難しそうです。そもそも日本にリビアヤマネコは私の知る限り、1匹もいません。やはり見た目がネコのキジトラと酷似しているからでしょうか。動物園などでも展示していません。

そこで有効なツールとなるのが「遺伝子」です。彼女はまず、他の家畜化されていないネコ科動物（ツシマヤマネコ）とネコの遺伝子、そのなかでもとくにヒトへのなつきやすさに関わっていると他の動物で報告されているオキシトシン受容体遺伝子に標的を定め、比較を行うことにしました。両者にもし遺伝的な違いがあるのなら、その違いがどのような意味をもつのかを調べるため、なつきやすい（と考えられる）遺伝子をもっているネコともっていないネコで性格がどう違うのかをネコ内で比較することにしました。

なつきやすい遺伝子

ネコとツシマヤマネコのオキシトシン受容体遺伝子を比較した結果、遺伝子の変異に違いが発見されました。この遺伝的な変化が、実際に「なつきやすさ」をあらわしているのかを調べるために、遺伝子とネコの行動とを関連づけていきます。そこで行ったのが、飼い主さんへのアンケート調査です。その結果、いくつかの遺伝子変異が「ヒトへの友好性」と関連することがわかったのです！　つまり、ある遺伝子型をもっているネコはヒトへの友好性を示し、もっていないネコはヒトへの友好性を示しにくいことがわかりました。ヤマネコは、ヒトへの友好性を示しにくい遺伝子型を有していました。つまり、オキシトシン受容体遺伝子におけるネコの遺伝子型が、ヒトへの友好性をもつ方向に進化してきた可能性が明らかになりました。

彼女のその他の研究でも、遺伝子とネコの「なつきやすさ」が関連するという結果が得られています。その研究では、ネコとその他の近縁ネコ科動物の遺伝子を比較した結果、ある部位の変異がネコにだけ見られることがわかりました。

先ほどの研究と同様に、その変異がどのような意味をもつのかを調べるために、アンケート調査と行動テストとを行いました。行動テストでは、実際に「そのネコが知らないヒトに近づくか?」や「ヒトが撫でたときにどのような反応をするのか?」などいくつかの行動を「ヒトへのなつきやすさ」と定義し、ネコに対してテストを行いました。私もこの調査には同行しましたが、ネコの個体差がかなりはっきり見てとれて非常に興味深かったです。やはり、憶病なネコちゃんは知らないヒトが接触しようとしたときに逃げてしまいますが、「THE伴侶動物」な、なつきやすいネコちゃんは、たとえ初対面でもスリスリゴロゴロと甘えてくれました。

　その結果、いくつかの遺伝子変異が「ヒトへのなつきやすさ」と関連することが判明しました。一方、その「なつきやすさ」の変異は他のネコ科動物には見られないことがわかりました。つまり、ネコ内では、「なつきやすい」遺伝子をもっていないネコとももっていないネコがいますが、その他のネコ科動物は全員その遺伝子をもっていないということがわかったのです。ここからも、ネコが伴侶動物になるにあたって、「ヒトへなつきやすい」個体が進化してきた可能性が示されました。また、すべてのネコがなつきやすい遺伝子をもっているわけではないため、ネコは半家畜化された動物であることが遺伝子の結果からもわかりました。きょうだいネコで、生まれてからほとんど同じ経験をしていても性格が違うのは、もしかすると遺伝子が異なるからかもしれません。

　じつはこのような変化は同じ伴侶動物であるイヌでも見られています。攻撃性上昇と関連する遺伝子変異が、オオカミで多く、イヌでは少ないことがわかっています。家畜化する過程で、攻撃性の高い個体はヒトに危害を加えるおそれがあるため、積極的な繁殖が行われなかったのでしょう。そのため、イヌでは攻撃性の高くなる遺伝子をもった個体が少なくなったことが考えられます。

　このように、姿かたちはヤマネコからあまり変化していないネコですが、遺伝情報を見ることによって、遺伝子が変異していること、とくにヒトになつきやすくなるように変化している可能性が示されました。それでは、ヤマネコからネコに進化するなかで、変わったのはその点だけなのでしょうか?

ネコはヤマネコよりも「かわいい声」で鳴く

ネコの鳴き声と聞いて一番に思い出す鳴き声はなんでしょう? そう、「ニャー」や「ミャー」ですね。じつはこの鳴き声、ネコ―ネコ間のコミュニケーションでは、母子間でしか使われない特殊な鳴き声なんです。主に仔ネコが母ネコの注意をひくときに発せられます。いつもごはんをねだるときや、甘えたいときに聞く非常に一般的な声ですが、じつはヒトの注意をひくために、特別に鳴いてくれていたんです。かわいすぎますよね。多頭飼育の方は、自分の家のネコちゃんが他のネコちゃんに「ニャー」と言っているか、注意深く観察してみてください。よくよく観察すると、他のネコには「ニャー」と鳴いていないことがわかります。

この「ニャー」ですが、さらに驚くことに、ヤマネコの「ニャー」よりネコの「ニャー」の方がヒトから聞いて「かわいい」声に変化していることが、アメリカの研究者によって明らかにされました。実験は簡単です。ヤマネコの「ニャー」とネコの「ニャー」をヒトに聞かせ、どの程度心地よいのか、を評定してもらいます。その結果、ネコの「ニャー」の方が心地よいと判断されたのです。

やはり私たちの先祖も、かわいい声で鳴いてくるネコちゃんにはかなわなかったのでしょう。その子に対し、特別においしいごはんを分けてあげていたのかもしれません。そうするとその子の栄養状態は良くなって、繁殖力は強まります。その子の子供のなかにも、かわいい声で鳴く個体が産まれる確率は高まります。このような「特別待遇」が何世代にもわたって続けられることによって、ネコの声がヤマネコと比較して「かわいく」変化していったということが推察されます。昔も今も、かわいいネコちゃんに頭が上がらないのは一緒なんですね。

ゴロゴロ音は赤ちゃんの泣き声と共通している？

もう1つ、ネコを特徴づける鳴き声があります。「ゴロゴロ音」です。目を細めて気持ちよさそうにゴロゴロ言っているネコに触るだけで、自然と頬はほころび日中にたまったすべてのストレスが解消されていく気がしますよね。

もともとこのゴロゴロ音は仔ネコが母ネコからミルクをもらうときに発する音声です。このゴロゴロ音、2種類あるのをご存知でしたか？　1つはリラックスしているときのゴロゴロ、2つめはごはんを要求するときのゴロゴロです。朝の空腹のネコちゃんに耳を澄ましてください。きっとごはん要求のゴロゴロを発しているはずです。わたしの子は食いしん坊なので、「ごはん?」と聞くと「ニャー!!!!」と言って爆音でゴロゴロ音を発します(このため、家では爆音再生機とよばれたりもします)。

イギリスとアメリカの研究チームは、ネコの2つのゴロゴロ音を実際にヒトに聞いてもらい、どのように感じるのかを評定してもらいました。その結果、ごはん要求ゴロゴロ音はより不快で、急かされるように感じられたそうです。

このチームはゴロゴロ音に対し、音響学的な分析も行いました。その結果、驚くべきことに、ごはん要求ゴロゴロ音はヒトの赤ちゃんの泣き声に含まれる周波数域にあることがわかりました。ヒトはわが子を育てるために、生得的に赤ちゃんの泣き声に強い感受性を有しています。そのため、この周波数域の声で鳴かれるとヒト側もネコのことを無視できず、ごはんをあげてしまうのではないかということが指摘されています。この研究ではヤマネコとの比較を行っていないため、推測でしかありませんが、ヒトに強く訴えかける声で鳴くことで、その個体が生き延び、子孫を残し、ごはんをねだるときはこの声をもつネコが多くなっていったのかもしれません。さすがヒトを操ることに長けているネコ! ネコ飼いの中には、自分のことを飼い主ではなく「召し使い」「下僕」とまで称する人もいますが、あながち間違ってはいないのかもしれません。

ネコとヒトは親子の関係？

上述したようにネコは、姿かたちこそヤマネコからあまり変化していませんが、詳しく調べるうちにさまざまな変化が見られることがわかりました。遺伝子を詳細に調べることでヒトになつきやすい遺伝子が受け継がれていたり、発声の仕方をヒトが好むように変化させていたり、ネコは色々な面で進化をしてきたことがわかります。

この章をここまで読んで、「ヒトとネコの関係性って、○○と××の関係性に似てない…？」とカンのいい人は気づいているかもしれません。ヒトの養育行動を誘発する要素がふんだんに含まれた「かわいい」見た目のネコが、仔ネコのときに母親に向けて出す声をヒトにも発したり、ヒトの赤ちゃんの声に含まれる周波数の発声をしたり……そうです、ネコやその他の伴侶動物とヒトの関係性というのは、母子間の関係性と類似しているといわれています。

ヒト側もネコやかわいい動物を見ると、赤ちゃんをかわいがるときと同じ高い声がでますよね。ときには赤ちゃん言葉になる人（私がそうです）もいます。赤ちゃんや幼児に赤ちゃん言葉を用いて話すのはわかります。難しい言葉を使うよりも平易な言葉を使った方が伝わりやすいからです。しかし、よくよく考えると動物に対して赤ちゃん言葉を使っても、伝わり方に大きな差があるとは思えません。なのに自然と赤ちゃん言葉で話しかけてしまう。不思議な現象です。このような赤ちゃんをかわいがるときの声を対乳児発話（ＩＤＳ：Infant Directed Speech）とよぶのですが、伴侶動物をかわいがるときの声は対ペット発話（ＰＤＳ：Pet Directed Speech）とよばれ、声の高さや抑揚のつけ方など、両者に共通点があることがわかっています。また、動物を飼育しているご家庭では自分のことを「（動物の）お父さん／お母さん」と呼ぶ人も多いのではないでしょうか。

伴侶動物とヒトの生物学的絆？

これはネコではまだ明らかになっていないのですが、ヒトと最も長く共生しているイヌとヒトという異種間に生物学的絆があることが明らかになっています。私が２０１９年度からお世話になっている麻布大学の永澤美保先生らが発表した論文で、国際科学誌の中でも最も権威のある雑誌の１つ、『サイエンス』誌に掲載された論文です。『サイエンス』誌に載ること自体が既にすごいのですが、なんと『サイエンス』誌の表紙にまで採用され、世界中で大注目された研究です！

この研究では、哺乳類の母子間で見られるような「絆」が、異種であるヒトとイヌの間に見られるのかということを調べました。ヒトと伴侶動物の間に「絆」があるか？と聞かれると、愛情深い飼い主さんたちはきっと「あるに決まっている」と答えるでしょう。確かに、名前を呼ぶとしっぽをあげて駆け寄ってきてくれたり、細目を開けて甘えてくれたり、無防備な姿を見せてくれたり、日常場面でも伴侶動物との絆を感じる場面は多いです。しかし、今回確かめられたのは、単なる「絆」ではありません。「生物学的な絆」なんです。

哺乳類の母子間はその種に特有のシグナルを用い、オキシトシンという絆形成に関与するホルモンの分泌を促進します。ヒトの場合、「相手の目を見る」というシグナルが絆を形成するうえで重要だといわれています。例えば、交流中に見つめ合いが多い親子はオキシトシンが上昇します。つまり、赤ちゃんがお母さんを見る↓お母さんのオキシトシンが上昇↓お母さんも赤ちゃんを見る↓赤ちゃんのオキシトシンが上昇……のようなポジティブループによって、絆の形成が促されるといわれています。このような生理学的知見にもとづいた絆をここでは「生物学的絆」とよんでいます。

永澤先生たちの研究では、異種であるイヌと飼い主の間でもこのようなポジティブループが見られることを解明しました。つまり、イヌが飼い主を見つめることで、飼い主のオキシトシンがより分泌され、飼い主からイヌへのふれあいが増えます。そのような行動を受けたイヌは、オキシトシンがより分泌され、さらに飼い主を見つめるようになるんです。

大変面白いことに、この実験ではオオカミにはこのようなポジティブループは見られないことを確かめています。飼い主さんと自由にふれあっている最中でも、オオカミはほとんど飼い主の顔を見ないそうです。それもそのはず、前にもふれましたが、野生動物では「直視する」ことは、多くの場合「威嚇」を示してしまうからです。ヒトは見つめ合うことで愛情表現をしますが、そのような種は極めて稀なんです。きっとヒト以外の動物は聴覚や嗅覚など他の五感を駆使して「キモチ」を伝えているのですが、ヒトはこれらがそこまで発達していません。そのため、ヒトと長い間共生してきたイヌは、ヒトにわかるように「視線」という形で「キモチ」を伝えてくれるのだと想像できます。

イヌには見られて、オオカミには見られなかった。この事実から、「見つめ合い」というシグナルを通じて結ばれる生物学的絆は、イヌがオオカミから伴侶動物として進化する過程で特異的に獲得したものであることが示唆されました。さすが最古の人類の友はちがいます！

そこで気になるのがネコ。生物学的な絆がネコ—ヒト間にあるのかはまだ確かめられていません。私を含む多くの研究者が確かめたくて仕方ないのですが、そこにはネコならではの障壁があります。一番大きいのは、オキシトシンの採取が難しいことです。永澤先生たちの研究ではオキシトシンを尿から測定しているのですが、イヌは散歩をするときに尿を用いてマーキングをするので、採尿がネコと比較して簡単です。しかし、ネコはいつトイレするかわかりません……。「お願い！　おしっこ、しよ？」と言ってももちろんしてくれません。じゃあネコが尿をしたときにとればいいのでは？　と思われるかもしれませんが、実験が終わってからしばらく経ってからの尿だと、実験が終わってからの何らかの事象が影響を与えてしまっているおそれがあり、統制した実験にならないのです。唾液でもとれるという研究はあるのですが、ネコの唾液は少ないうえ、唾液からとれるオキシトシンが本当に正しい値なのかの議論もあり、研究が進んでいません。ホルモンを好きなタイミングで採取できるいい方法が開発されれば、ネコとヒトの間に生物学的な絆があるのかどうか明らかになるでしょう。

洋ネコと和ネコの違い

前に述べたように、完全に飼いならされたわけではないとされているネコですが、現在ネコの周りの環境は急激に変化していっています。これまでは自由恋愛・自由繁殖が大多数を占めたネコですが、ここ何百年の間に猫種が確立されたことにより、繁殖にヒトが積極的に関わることが多くなりました。

キャットショーを一度見学させてもらったことがあるのですが、すごく興味深い世界が広がっていました。キャットショーは、それぞれの猫種で理想とされている「スタンダード」の姿（耳の開き具合や骨格・毛ヅヤなど）のネコが表彰される、という世界です。姿かたちの基準は猫種によってさまざまなのですが、すべての猫種における基準として、知らない場所で、審査員(見ず知らずの人)に体を触られても大人しくしておく、というものがあります。審査員に対して「シャー」などの威嚇をしてしまった場合、失格になってしまうそうです。

そのため、ブリーダーさんはそのような場所で大人しくできる個体を選んで子孫を残していきます。つまり、新奇なものをこわがらない、ストレスホルモンの応答が低い個体を選んでいくことになります。このプロセスは、まさにヒトが他の家畜動物に対して行ったプロセスと同じです。このような人為的な繁殖が続けられれば、キャットショーに参加する純血種のネコは、知らない場所でも平気、知らない人に触られても気にしないような個体ばかりになっていくかもしれません。実際、調査でたくさんのネコちゃんと触れ合ってきて、この兆しのようなものはよく感じます。洋ネコは和ネコと比較して、知らない人にもフレンドリーである確率が高いです。知り合いの動物病院の先生も、「シャー」と威嚇するのは和ネコばかりだ、と言っていました。

また、その変化は想像よりも早く起こることがわかっています。ロシアの研究で、ギンギツネを家畜化する研究があります。その結果、たった50年で家畜化は成功しました。選抜方法はたった1つ。「ヒトに対してこわがらない個体」を繁殖させていくだけです。すると、なんと数世代で、ヒトが来たら甘え鳴きをする、しっぽを振ってアピールするなど、顕著な

〝イヌ化〟が見られるキツネがうまれるようになりました。

とはいっても、現在ネコを飼育している人の約4割が、飼育し始めたきっかけとして、「野良ネコを拾った」というデータもあります。実際私のネコも野良出身の保護ネコです。しかし次に述べる理由より、野良ネコの在り方が近い未来、変化していくことが予想されます。

まだまだ進化するネコ

一昔前はネコは家と外を自由に出入りしていました。そのため、近所の他の場所ではまったく違う名前で可愛がられてたり……なんていうことがあり得ました。しかし、ネコを外に出すと、寿命が短くなってしまうことがわかっています。交通事故にもあいやすくなりますし、病気ももらいやすくなってしまいます。そのような理由から、完全室内飼いが推奨されている現在、室内にいるほとんどのネコが去勢・避妊されています。その方が生殖器に関わる病気の予防にもなるからです。

つまり、ヒトが飼えるくらい人懐っこい野良ネコはヒトが室内で飼い、去勢・避妊をします。ヒトに対して恐怖心があり、人目につかないところでひっそり生きているネコや、トラップになかなか捕まらない警戒心が非常に高いネコだけが繁殖していくという状況になっています。このような状況が続いていくと、野良ネコはヒトが飼育できないくらい非常に憶病な個体ばかりになり、人目につかない山奥で生活するような個体が大多数になる可能性もあります。数十年後には街で野良ネコを見かけることはなくなるかもしれません。

つまり、今ネコの周りでは純血種として人懐っこいネコが人為選択され、一方野生ではとくに人懐っこくないネコが自由恋愛している状況です。人懐っこい〝イヌ化〟したネコと、野生の〝ネコ化〟したネコの二極化が急速に進んでいるといえるでしょう。何百年か後には、この2つのネコはまったくの別種になっているかもしれません。ネコを取り巻く環境の変化によって、まだまだネコは進化していくのでしょう。

あとがき

　これまでにたくさんのネコちゃんに会い、さまざまな調査をさせていただきました。どのネコちゃんをとっても同じネコちゃんはおらず、調査開始から5年経った今でも、毎回さまざまな発見があります。それだけネコの心は奥深く、科学的に明らかになっていることはほんの一握りであることを実感させられます。

　また、私自身はネコが大好きで始めた研究ですが、ネコのことを勉強していくうちにただかわいいだけではなく、ヒトとの関わりのなかでさまざまな問題をはらんでいることもわかりました。オーストラリアの動物行動の学会に行った時、ネコの発表をする他の研究者がいないかを探すためプログラム検索で「cat」を検索したのですが、見つかった研究は在来種を狩る捕食者としてのネコを非侵襲的にどのように排除するのか、といった研究でした。やはり固有種が多数存在しているオーストラリアではそのような研究が必要になってくるのだな、と実感しました。この問題は、海外だけの問題ではありません。沖縄の西表島では、国の特別天然記念物に指定されているイリオモテヤマネコをネコが狩るおそれがあるため、ネコを飼育するにはワクチンの接種やマイクロチップ装着などとともに、竹富町に登録を行わないといけません。奄美大島でも同様に、環境省のレッドリスト「絶滅危惧種」に指定されているアマミノクロウサギをネコから守るため、行政が腰をあげたとの話もあります。

第5章でふれたように、ネコは進化的に捕食者としての性質を色濃く残しているため、ヒトがもち込むことによってその地域の固有種を捕食してしまい、このような問題が生じています。

また、ヒトからみてネコがとてもかわいい性質を多く有しているためか、ヒトが野良ネコにむやみにエサを与えてしまうことで、ネコが爆発的に増えてしまい、日常の生活を送るうえでさまざまな被害がでてしまっている地域もあると聞きます。そのため、野良ネコを捕獲し、去勢・避妊をし、また野生に返したネコに対して、エサやりを行い、地域で1世代だけのネコの面倒をみる活動(TNR活動)も盛んになってきました。またそのなかで人懐っこいネコはボランティアさんによって里親募集されることもあります。私自身、そのような元野良ネコをボランティアさんが保護してくださり、ご縁があって里親になりました。

このように、ネコはただかわいいだけではなく、そのかわいさゆえに(?)さまざまな問題をはらんでいることも事実です。もちろんネコはずっと昔からネコとして生きているだけで、何も悪いことはしていないのですが、そこにヒトが関与することによって問題が生じてしまいます。何か問題が起こったときに弱者であるネコが犠牲になってしまうことを防ぐためにも、今後ネコとヒトが末永く幸せに暮らすためにも、わたしたちヒト側がネコとの付き合い方をよく考えていかなければなりません。

ヒト側がネコとの付き合い方を考えるときに必要になるのが、ネコに対する正しい知識です。ネコという対象に対して過大評価をしても、過小評価をしても間違った結論をだしてしまいかねません。ネコとヒトの間の関係性のさらなる向上のためにも、ネコが何をわかっていて、何をわかっていないのかを科学的に明らかにすることが私の使命だと思っています。そのために、ミステリアスなネコの心を今後も研究していきたいです。

そして、この本に記載の研究成果をあげるにあたって、ご協力いただいたすべての方に感謝したいです。まだ実績も何もない私たちに対しても邪険に扱わず、大切なネコちゃんの調査を許していただいた飼い主様、ネコカフェ様に感謝を申し上げます。特に伏見稲荷のネコカフェＴｉＭＥ様・甲子園口の猫の「ひなたぼっこ」様・樟葉のにゃんだらけ様・淡路の森のねこ舎様・河原町丸太町のCat's EYE様・四条河原町の犬猫人2様・新大宮（奈良）のひなたぼっこ様・高槻のねこの部屋　あまえんぼう様・茨木のねこ&パシャ様には何度も訪問させていただき、貴重なデータをたくさん取得させていただきました。なかには営業時間外の調査をお許しいただくこともありました。この場を借りて、心からお礼を申し上げます。

またこれまでチームでネコ研究を推進してきた、CAMP—NYANメンバーの千々岩眸様・荒堀みのり様なくしてはこれらの成果はあげられませんでした。

そしてどんな突飛な実験計画にも親身になっていただき、実験計画からデータ解析・論文執筆にいたるまでいつも優しくご指導いただいた藤田和生先生にお礼申し上げます。

最後に、私の稚拙な文章を訂正していただいたり、わかりやすくなるようにさまざまなご助言をいただいた岩波書店の濱門麻美子様と押田連様にお礼を申し上げます。

参考文献

第１章

藤田和生(1998)．比較認知科学への招待：「こころ」の進化学．ナカニシヤ出版．

松沢哲郎(2011)．心の進化．京都大学心理学連合編，心理学概論．ナカニシヤ出版，237–258.

第２章

Atance, C. M., & Meltzoff, A. N.(2005). My future self: Young children's ability to anticipate and explain future states. *Cognitive Development*, 20, 341–361.

Balderrama, N.(1980). One trial learning in the American cockroach, *Periplaneta americana*. *Journal of Insect Physiology*, 26, 499–504.

Clayton, N. S., & Dickinson, A.(1998). Episodic-like memory during cache recovery by scrub jays. *Nature*, 395, 272–274.

Fiset, S., & Doré, F. Y.(2006). Duration of cats'(*Felis catus*)working memory for disappearing objects. *Animal Cognition*, 9, 62–70.

藤田和生(2009)．メタ記憶の進化．清水寛之(編)，メタ記憶：記憶のモニタリングとコントロール．北大路書房．

Herman, L. M., Richards, D. G., & Wolz, J. P.(1984). Comprehension of sentences by bottlenosed dolphins. *Cognition*, 16, 129–219.

Klein, S. B., Loftus, J., & Kihlstrom, J. F.(2002). Memory and temporal experience: The effects of episodic memory loss on an amnesic patient's ability to remember the past and imagine the future. *Social Cognition*, 20, 353–379.

Panoz-Brown, D., Corbin, H. E., Dalecki, S. J., Gentry, M., Brotheridge, S., Sluka, C. M., Wu, Jie-En, & Crystal, J. D.(2016). Rats remember items in context using episodic memory. *Current Biology*, 26, 2821–2826.

佐藤暢哉(2010)．ヒト以外の動物のエピソード的(episodic-like)記憶：

WWW 記憶と心的時間旅行．動物心理学研究，60，105–117．
サトウタツヤ(2007)，1907年．賢い馬ハンスの賢さの分析．心理学ワールド第38号，公共財団法人日本心理学会．https://psych.or.jp/interest/mm-13/
Tomonaga, M., & Kaneko, T.(2014). What did you choose just now? Chimpanzees' short-term retention of memories of their own behavior. *PeerJ*, 2, e637.
都築茉奈(2016)．コンパニオンアニマルにおける偶発的記憶．京都大学修士論文．

第3章

Bahrick, L. E., & Lickliter, R.(2004). Infants' perception of rhythm and tempo in unimodal and multimodal stimulation: A developmental test of the intersensory redundancy hypothesis. *Cognitive, Affective, & Behavioral Neuroscience*, 4, 137–147.
Tabor, R. K.(1983). The *Wild life of the Domestic Cat*. Arrow Books.
Takagi, S., Arahori, M., Chijiiwa, H., Tsuzuki, M., Hataji, Y., & Fujita, K.(2016). There's no ball without noise: Cats' prediction of an object from noise. *Animal Cognition*, 19, 1043–1047.
Takagi, S., Chijiiwa, H., Arahori, M., Tsuzuki, M., Hyuga, A., & Fujita, K.(2015). Do cats(*Felis catus*)predict the presence of an invisible object from sound? *Journal of Veterinary Behavior: Clinical Applications and Research*, 10, 407–412.
Turner, D. C. & Bateson, P.(eds.)(2000). *The Domestic Cat: The biology of its behavior*(2nd ed). Cambridge University Press.(デニス・C・ターナー，パトリック・ベイトソン(編著)，武部正美・加隈良枝(訳)，森裕司(監修)，ドメスティック・キャット：その行動の生物学．チクサン出版社．)
Whitt, E., Douglas, M., Osthaus, B., & Hocking, I.(2009). Domestic cats(*Felis catus*)do not show causal understanding in a string-pulling task. *Animal Cognition*, 12, 739–743.

第4章

Adachi, I., & Fujita, K.(2007). Cross-modal representation of human caretakers in squirrel monkeys. *Behavioural Processes*, 74, 27–32.

藤田和生(1998). 比較認知科学への招待:「こころ」の進化学. ナカニシヤ出版.

Saito, A., & Shinozuka, K.(2013). Vocal recognition of owners by domestic cats(*Felis catus*). *Animal Cognition*, 16, 685–690.

Takagi, S., Arahori, M., Chijiiwa, H., Saito, A., Kuroshima, H., & Fujita, K.(2019). Cats match voice and face: Cross-modal representation of humans in cats(*Felis catus*). *Animal Cognition*, 22, 901–906.

第5章

荒堀みのり(2019). 家畜化がネコ―ヒト間の愛着関係に及ぼした影響の検討. 京都大学博士論文.

Arahori, M., Chijiiwa, H., Takagi, S., Bucher, B., Abe, H., Inoue-Murayama, M., & Fujita, K.(2017). Microsatellite Polymorphisms Adjacent to the Oxytocin Receptor Gene in Domestic Cats: Association with Personality? *Frontiers in psychology*, 8, 2165.

Ben-Aderet, T., Gallego-Abenza, M., Reby, D., & Mathevon, N.(2017). Dog-directed speech: why do we use it and do dogs pay attention to it? *Proceedings of the Royal Society B: Biological Sciences*, 284, 20162429.

Driscoll, C. A., Macdonald, D. W., & O'Brien, S. J.(2009). From wild animals to domestic pets: An evolutionary view of domestication. *Proceedings of the National Academy of Sciences*, 106, 9971–9978.

Furlow, F. B.(1997). Human neonatal cry quality as an honest signal of fitness. *Evolution and Human Behavior*, 18, 175–193.

平成28年 全国犬猫飼育実態調査 ペットフード協会, https://petfood.or.jp/data/chart2016/index.html, 最終確認日2019年11月21日.

平成30年 全国犬猫飼育実態調査 ペットフード協会, https://petfood.or.jp/data/chart2018/index.html, 最終確認日2019年11月21日.

黒瀬奈緒子(2016). ネコがこんなにかわいくなった理由. PHP新書.

McComb, K., Taylor, A. M., Wilson, C., & Charlton, B. D.(2009). The cry embedded within the purr. *Current Biology*, 19, R507–R508.

Nagasawa, M., Mitsui, S., En, S., Ohtani, N., Ohta, M., Sakuma, Y., Onaka, T., Mogi, K., & Kikusui, T.(2015). Oxytocin-gaze positive loop and the coevolution of human-dog bonds. *Science*, 348, 333–336.

Nicastro, N.(2004). Perceptual and Acoustic Evidence for Species-Level Differences in Meow Vocalizations by Domestic Cats(*Felis catus*) and African Wild Cats(*Felis silvestris lybica*). *Journal of Comparative Psychology*, 118, 287–296.

齋藤慈子(2018). なぜネコは伴侶動物になりえたのか：比較認知科学的観点からのネコ家畜化の考察. *Japanese Journal of Animal Psychology*, 68, 77–88.

Trut, L., Oskina, I., & Kharlamova, A.(2009). Animal evolution during domestication: the domesticated fox as a model. *Bioessays*, 31, 349–360.

Vigne, J. D., Guilaine, J., Debue, K., Haye, L., & Gérard, P.(2004). Early taming of the cat in Cyprus. *Science*, 304, 259–259.

山根明弘(2016). ねこはすごい. 朝日新書.

高木佐保
1991年生．2013年同志社大学心理学部卒業，2018年京都大学大学院文学研究科行動文化学専攻心理学専修博士課程修了，博士（文学）．日本学術振興会特別研究員（SPD），専修大学非常勤講師．本書に紹介した研究成果により2017（平成29）年度京都大学総長賞を受賞．

岩波科学ライブラリー 292
知りたい！ ネコごころ

2020年2月7日 第1刷発行
2021年6月15日 第2刷発行

著 者 高木佐保《たかぎさほ》

発行者 坂本政謙

発行所 株式会社 岩波書店
〒101-8002 東京都千代田区一ツ橋2-5-5
電話案内 03-5210-4000
https://www.iwanami.co.jp/

印刷・理想社 カバー・半七印刷 製本・中永製本

ISBN 978-4-00-029692-2 Printed in Japan

●岩波科学ライブラリー〈既刊書〉

277 金 重明
ガロアの論文を読んでみた
定価一六五〇円

決闘の前夜、ガロアが手にしていた第1論文。方程式の背後に群の構造を見出したこの論文は、まさに時代を超越するものだった。簡潔で省略の多いその記述の行間を補いつつ、高校数学をベースにじっくりと読み解く。

278 新村芳人
嗅覚はどう進化してきたか
生き物たちの匂い世界
定価一五四〇円

人間は四〇〇種類の嗅覚受容体で何万種類もの匂いをかぎ分けるが、そのしくみはどうなっているのか。環境に応じて、ある感覚を豊かにし、ある感覚を失うことで、種ごとに独自の感覚世界をもつにいたる進化の道すじ。

279 藤垣裕子
科学者の社会的責任
定価一四三〇円

驚異的に発展し社会に浸透する科学の影響はいまや誰にも正確にはわからない。科学技術に関する意思決定と科学者の社会的責任の新しいあり方を、過去の事例をふまえるとともにＥＵの昨今の取り組みを参考にして考える。

280 ロビン・ウィルソン 訳 川辺治之
組合せ数学
定価一七六〇円

ふだん何気なく行っている「選ぶ、並べる、数える」といった行為の根底にある法則を突き詰めたのが組合せ数学。古代中国やインドに始まり、応用範囲が近年大きく広がったこの分野から、バラエティに富む話題を紹介。

281 小澤祥司
メタボも老化も腸内細菌に訊け！
定価一四三〇円

癌の発症に腸内細菌はどこまで関与しているのか？　関わっているとしたら、どんなメカニズムで？　腸内細菌叢を若々しく保てば、癌の発症を防いだり、老化を遅らせたり、認知症の進行を食い止めたりできるのか？

282 **予測の科学はどう変わる?**
人工知能と地震・噴火・気象現象
井田喜明
定価一三二〇円
自然災害の予測に人工知能の応用が模索されている。人工知能による予測は、膨大なデータの学習から得られる経験的な推測で、失敗しても理由は不明、対策はデータを増やすことだけ。どんな可能性と限界があるのか。

283 **素数物語**
アイディアの饗宴
中村　滋
定価一四三〇円
すべての数は素数からできている。フェルマー、オイラー、ガウスなど数学史の巨人たちがその秘密の解明にどれだけ情熱を傾けたか。彼らの足跡をたどりながら、素数の発見から「素数定理」の発見までの驚きの発想を語り尽くす。

284 **論理学超入門**
グレアム・プリースト　訳菅沼　聡、廣瀬　覚
定価一七六〇円
とっつきにくい印象のある〈論理学〉の基本を概観しながら、背景にある哲学的な問題をわかりやすく説明する。問題や解答もあり。好評「《1冊でわかる》論理学」にチューリング、ゲーデルに関する二章を加えた改訂第二版。

285 **皮膚はすごい**
生き物たちの驚くべき進化
傳田光洋
定価一三二〇円
ポロポロとはがれ落ちる柔な皮膚もあれば、かたや脱皮でしか脱げない頑丈な皮膚。からだを防御するだけでなく、色や形を変化させて気分も表現できる。生き物たちの「包装紙」のトンデモな仕組みと人の進化がついに明らかになる。

286 **結局、ウナギは食べていいのか問題**
海部健三
定価一三二〇円
土用の丑の日、店頭はウナギの蒲焼きでにぎやかだ。でも、ウナギって絶滅危惧種だったはず……。結局のところ絶滅するの? 土用の丑に食べてはいけない? 気になるポイントをQ&Aで整理。ウナギと美味しく共存する道を探る。
定価は消費税10%込です。二〇二一年六月現在

●岩波科学ライブラリー〈既刊書〉

287 南の島のよくカニ食う旧石器人
藤田祐樹
定価一四三〇円
謎多き旧石器時代。何万年もの間、人々はいかに暮らしていたのか。えっ、カニですか……⁉ 貝でビーズを作り、旬のカニをたらふく食べる。沖縄の洞窟遺跡から見えてきた、旧石器人の優雅な生活を、見てきたようにいきいきと描く。

288 海洋プラスチック汚染
「プラなし」博士、ごみを語る
中嶋亮太
定価一五四〇円
大洋の沖から海溝の底にまで溢れかえるペットボトルやポリ袋、生き物に大量に取り込まれる微細プラスチック。海洋汚染は深刻だ。人気サイト「プラなし生活」運営者でもある若手海洋研究者が問題を整理し解決策を提示する。

289 驚異の量子コンピュータ
宇宙最強マシンへの挑戦
藤井啓祐
定価一六五〇円
量子コンピュータを取り囲む環境は短期間のうちに激変した。そのからくりとは何か。いかなる歴史を経て現在に至り、どんな未来が待ち受けているのか。気鋭の若手研究者として体感している興奮をもって説き明かす。

290 おしゃべりな糖
第三の生命暗号、糖鎖のはなし
笠井献一
定価一三二〇円
糖といえばエネルギー源。しかし、その連なりである糖鎖は、情報伝達に大活躍する。糖はかしこく、おしゃべりなのだ！ 外交、殺人、甘い罠。謎多き生命の〈黒幕〉、糖鎖の世界をいきいきと伝える、はじめての入門書。

291 フラクタル
ケネス・ファルコナー　訳 服部久美子
定価一六五〇円
どれだけ拡大しても元の図形と同じ形が現れて、次元は無理数、長さは無限大。そんな図形たちの不思議な性質をわかりやすく解説。自己相似性、フラクタル次元といったキーワードから現実世界との関わりまで紹介する。

定価は消費税10％込です。二〇二一年六月現在